建筑工人职业技能培训教材

架 子 工

（第二版）

建筑工人职业技能培训教材编委会　组织编写

中国建筑工业出版社

图书在版编目（CIP）数据

架子工/建筑工人职业技能培训教材编委会组织编写.
2版.—北京：中国建筑工业出版社，2015.11
建筑工人职业技能培训教材
ISBN 978-7-112-18727-0

Ⅰ.①架… Ⅱ.①建… Ⅲ.①脚手架-工程施工-技术
培训-教材 Ⅳ.①TU731.2

中国版本图书馆 CIP 数据核字（2015）第 268590 号

建筑工人职业技能培训教材

架 子 工

（第二版）

建筑工人职业技能培训教材编委会 组织编写

*

中国建筑工业出版社出版、发行（北京西郊百万庄）

各地新华书店、建筑书店经销

北京红光制版公司制版

北京市安泰印刷厂印刷

*

开本：850×1168 毫米 1/32 印张：10½ 字数：281 千字
2015 年 12 月第二版 2015 年 12 月第二十五次印刷
定价：25.00 元
ISBN 978-7-112-18727-0
（27843）

本教材是建筑工人职业技能培训教材之一。考虑到架子工的特点，按照新版《建筑工程施工职业技能标准》的要求，对架子初级工、中级工和高级工应知应会的内容进行了详细讲解，具有科学、规范、简明、实用的特点。

　　本教材适用于架子工职业技能培训和自学。

责任编辑：朱首明　李　明　李　阳
责任设计：董建平
责任校对：张　颖　赵　颖

建筑工人职业技能培训教材
编 委 会

主　任：刘晓初

副主任：辛凤杰　　艾伟杰

委　员：（按姓氏笔画为序）

包佳硕　　边晓聪　　杜　珂　　李　孝

李　钊　　李　英　　李小燕　　李全义

李玲玲　　吴万俊　　张囡囡　　张庆丰

张晓艳　　张晓强　　苗云森　　赵王涛

段有先　　贾　佳　　曹安民　　蒋必祥

雷定鸣　　阚咏梅

第一版教材编审委员会

出 版 说 明

为了提高建筑工人职业技能水平，受住房和城乡建设部人事司委托，依据住房和城乡建设部新版《建筑工程施工职业技能标准》（以下简称《职业技能标准》），我社组织中国建筑工程总公司相关专家，对第一版《土木建筑职业技能岗位培训教材》（建设部人事教育司组织编写）进行了修订，并补充新编了其他常见工种的职业技能培训教材。

第一批教材含新编教材3种：建筑工人安全知识读本（各工种通用）、模板工、机械设备安装工（安装钳工）；修订教材10种：钢筋工、砌筑工、防水工、抹灰工、混凝土工、木工、油漆工、架子工、测量放线工、建筑电工。其他工种教材也将陆续出版。

依据新版《职业技能标准》，建筑工程施工职业技能等级由低到高分为：五级、四级、三级、二级和一级，分别对应初级工、中级工、高级工、技师和高级技师。教材覆盖了五级、四级、三级（初级、中级、高级）工人应掌握的内容。二级、一级（技师、高级技师）工人培训可参考使用。

本套教材按新版《职业技能标准》编写，符合现行标准、规范、工艺和新技术推广的要求，书中理论内容以够用为度，重点突出操作技能的训练要求，注重实用性，力求文字通俗易懂、图文并茂，是建筑工人开展职业技能培训的必备教材，也可供高、中等职业院校实践教学使用。

为不断提高本套教材质量，我们期待广大读者在使用后提出宝贵意见和建议，以便我们改进工作。

中国建筑工业出版社

2015 年 10 月

第 二 版 前 言

本教材依据住房和城乡建设部新版《建筑工程施工职业技能标准》，在第一版《架子工》基础上修订完成，既突出职业技能培训用书的实用性，又具有很强的科学性、先进性和规范性，且图文结合，简明扼要，通俗易懂。

本教材主要内容包括：建筑基础知识、脚手架基础知识、落地扣件式钢管外脚手架、落地碗扣式钢管外脚手架、落地门式钢管外脚手架、桁脚手架、悬挑外脚手架、吊篮脚手架、附着升降脚手架、其他脚手架、模板支撑架以及脚手架施工安全技术管理等。

本教材适用于职业技能五级（初级）、四级（中级）、三级（高级）架子工岗位培训和自学使用，也可供二级（技师）、一级（高级技师）架子工参考使用。

本教材修订主编由张晓艳担任，修订副主编由张一驰、孙石担任，由于编写时间仓促，限于作者的专业水平和实践经验，难免有疏漏或不妥之处，诚恳地希望专家和广大读者提出宝贵意见，在此表示感谢。

第 一 版 前 言

本培训教材是根据建设部《建筑架子工培训计划与培训大纲》架子工专业培训要求进行编写，主要是为适应与配合全国建设行业全面实行建设职业技能岗位培训与鉴定的需要。教材重点介绍我国目前得到广泛使用，以及正大力推广的脚手架，对建设部建议逐步淘汰的或工程实践中较少用到的一些脚手架本教材未作介绍。

考虑到当前建筑行业中架子工从业人员的实际文化结构现状，本培训教材编写时采用较多的图和表格，叙述简单明了，尽量避免大篇幅的文字叙述，力争做到图文并茂、通俗易懂。

此外，编者希望本教材在学员经培训后，也能在工作实践中当架子工操作手册使用，因此，本教材对脚手架的现行安全技术规范、标准，以及安全检查标准的内容，特别是一些强制性的规定，都作了较全面的介绍，体现了使用方便与实用的编写原则。

根据建设部人教司的统一部署，本教材由宁波建设职业技能鉴定站组织编写，并由陈永龙主编，钱久军、杨立新、朱银杏编写。教材的编写得到了宁波市建委培训中心、各相关兄弟城市建设行政主管部门的大力支持，在此深表感谢。教材编写时参考了已出版的多种相关培训教材，对这些教材的编作者，一并表示谢意。

限于编者的专业水平和实践经验，本教材疏漏或不当之处在所难免，恳请读者指正。

目　录

一、建筑基础知识

（一）建筑力学基础知识

1. 力的基本概念

（1）力的定义

长期以来，人们在生产劳动和日常生活中，用手推、拉、握、举物体时，由于肌肉紧张而感受到了"力"的作用，并且物体的运动状态也常随之发生了变化，或者会使物体发生变形。这种作用广泛地存在于人与物、物与物之间。建筑工地上，架子工手握脚手杆、打夯机夯实地基，塔吊吊运构件等都是力的作用。

所以，力的概念可以概括为：力是物体间相互的机械作用，这种作用会使物体的运动状态发生改变，或使物体发生变形。既然力是物体之间的相互作用，则力不能脱离物体而单独存在。

（2）力的三要素

实践证明，不同大小、或不同方向、或施加于物体不同位置的力，将使物体产生不同的效应。因此，力对物体的效应取决于三个要素：力的大小、力的方向、力的作用点。这三个要素通常称为力的三要素。

在国际单位制中，力的单位是牛顿，用符号 N 表示。工程上以牛顿（N）或千牛顿（kN）为单位。

同时具有大小和方向的量称为矢量，所以力是矢量。矢量常用带有箭头的有向线段（矢线）表示。线段的长度按一定的比例代表力的大小，线段的方位和箭头的指向表示力方向，有向线段的起点或终点表示力的作用点。通过力的作用点，沿力的方向所画直线，称为力的作用线。

（3）力的平衡

物体的平衡是指物体相对于地面保持静止或做匀速直线运动的状态。我们住的楼房坐落在地球上，地球支撑着楼房，处于一种平衡的状态。

1）二力平衡公理

物体受两个力的作用而处于平衡状态的条件是：这两个力的大小相等、方向相反、作用线相同（简称为等值、反向、共线），这就是力的平衡条件。我们的建筑物就是在力的平衡条件下建造起来的。

2）作用力和反作用力

两个物体之间相互作用的力，总是大小相等、方向相反、沿同一直线，并分别作用在两个物体上。如果将其中的一个力称为作用力，则另一个力就是它的反作用力。需要指出的是作用力和反作用力与二力平衡是不同的。二力平衡是对一个物体而言，作用力和反作用力也是一对大小相等、方向相反的力，但它们分别作用在受力物体和施力物体两个物体上，各自起作用，是不能相互平衡的。

（4）力的合成与分解

1）力的合成

当一个物体同时受到几个力的作用时，如果能够合成这样一个力，这个力所产生的效果与原来几个力共同作用的效果相同，则这个力叫做那几个力的合力。即作用于同一物体上的几个力的作用效果可以用一个力来代替，称为力的合力。这几个力又可称为是这个合力的分力。也就是说力可以进行等效代换。

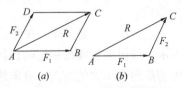

图 1-1　平行四边形法则

如图 1-1 所示，作用于 A 点的两个力 F_1 和 F_2 也可以用合力 R 来表示，R 为由 F_1 和 F_2 为邻边的平行四边形的对角线，则 F_1 和 F_2 也称为分力。这就是力的平行四边形法则。即：作用在物体上同一点的两个力，可以合成为作用在该点的一个合力。合力的大小和方向可用这两个已知力为邻边所构成的平行四边形的对角线来表示（图 1-1a）。实际上，求合力只要作出力的平行四边形的一半就可以了，合力的作用点仍是原两个力的汇交点，如图 1-1b 所示。△ABC 称为力三角形，这种求合力的方法称为力三角形法则。

2）力的分解

力的分解是将一个力分成几个力，而且这几个力所产生的效果同原来一个力产生的效果相同，则这几个力叫做原来那个力的分力。求力的分力叫做力的分解。

力的分解是求已知的一个力的分力。只要知道一个力的大小、方向，便可以用平行四边形法则或三角形法求出各个分力的大小。例如，有一个物体沿如图 1-2 所示的斜面下滑，其中物体的重力 P 可以分解成两个分力：

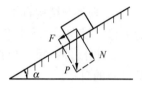

图 1-2 力的分解

一是与斜面平行的分力 F，这个力使物体沿斜面下滑；另一个与斜面垂直的分力 N，这个力则使物体在下滑时紧贴斜面，是压在斜面上的力。

2. 建筑结构荷载

在建筑中，由若干构件（如柱、梁、板等）连接而构成的能承受荷载和其他间接作用（如温度变化、地基不均匀沉降等）的体系，叫做建筑结构（简称结构）。建筑结构在建筑中起骨架作用，是建筑的重要组成部分。结构的各组成部分（如梁、柱、屋架等）称为结构构件（简称构件）。

建筑结构在施工过程中和使用期间承受的各种作用有：施加在结构上的集中力或分布力（如人群、设备、构件自重等），是使其发生运动趋势的主动力，称为直接作用，也称荷载；引起结构外加变形或约束变形的原因，如地基变形、混凝土收缩、焊接变形、温度变化或地震等，称为间接作用。

我国现行《建筑结构荷载规范》GB 50009—2012中将结构荷载这样分类：

（1）按荷载随时间的变异性和出现的可能性，分为永久荷载、可变荷载和偶然荷载。

1）永久荷载

在结构使用期间，其值不随时间变化，或其变化与平均值相比可以忽略不计，或其变化是单调的并能趋于限值的荷载。例如结构各部分构件的自重、土压力、预应力等均属永久荷载，也叫做恒荷载。恒荷载通常可经过计算或查表求出。

脚手架工程的永久荷载（恒荷载）可分为：

① 脚手架结构自重，包括立杆、纵向水平杆、横向水平杆、剪刀撑、横向斜撑和扣件等的自重。

② 构配件自重，包括脚手板、栏杆、挡脚板、安全网等防护设施的自重。

2）可变荷载

在结构使用期间，其值随时间变化，且其变化与平均值相比不可以忽略不计的荷载。例如家具等楼面活荷载、屋面活荷载和积灰荷载、吊车荷载、风荷载、雪荷载等均属可变荷载，也叫做活荷载。

脚手架工程的可变荷载（活荷载）可分为：

① 施工荷载，包括作业层上的人员、器具和材料的自重。

② 风荷载。

3）偶然荷载

在结构使用期间不一定出现，一旦出现，其量值可能很大而持续时间很短的荷载。例如地震作用、爆炸力、撞击力等。

（2）按荷载作用的范围可分为集中荷载和分布荷载。

当荷载的作用面积远远小于构件的尺寸时，可将荷载作用面积集中简化于一点，称为集中荷载，如吊车梁传给柱子的荷载。集中荷载的计量单位为 N 或 kN。

连续分部在一块面积上的荷载，称为分布荷载。包括分别作用在体积、面积和一定长度上的体荷载、面荷载和线荷载。重力属于体荷载，风、雪的压力等属于面荷载。分布荷载以 N/m^2、kN/m^2、N/m 或 kN/m（线荷载）为单位。

在实际工程中，不会所有的活荷载都同时作用在建筑物上，常常是其中几种活荷载随机组合与恒荷载的共同作用，如图 1-3 所示。

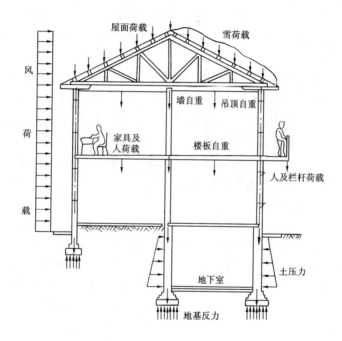

图 1-3　荷载示意图

3. 约束和约束反力

工程上所遇到的物体，一般都受到其他物体的阻碍、限制，而不能自由运动。例如，房屋、桥梁受到地面的限制，梁受到柱子或墙的限制等。物体受到限制，使其在某些方向的运动成为不可能，则这种物体称为非自由体。相反的，不受任何限制，在空间可以自由运动的物体称为自由体。例如，航行的飞机、发射的炮弹等。结构和结构的各构件是非自由体。

限制非自由体运动的限制物称做非自由体的约束。例如地面是房屋、桥梁的约束，柱子或墙是梁的约束。约束限制物体运动的力称为约束反力或约束力。显然，约束反力的方向总是与它所限制的位移方向相反。地面限制房屋向下位移，地面作用给房屋的约束反力指向上。

与约束反力相对应，凡能主动使物体运动或使物体有运动趋势的力，称为主动力。例如，重力、土压力等。主动力在工程上也称为荷载。

工程上的物体，一般同时都受到主动力和约束反力的作用。通常主动力是已知的，约束反力是未知的，所以问题的关键在于正确地分析约束反力。约束反力的确定与约束类型及主动力有关。工程中物体之间的约束类型是复杂多样的，为了便于理论分析和计算，只考虑其主要的约束功能，忽略其次要的约束功能，便可得到一些理想化的约束形式。

（1）柔性约束

例如，柔绳、胶带、链条等柔体用于阻碍物体的运动时，都是柔性约束。柔体能够承受较大的拉力，而不能承受压力和弯曲。即只能限制物体沿着柔体的中心线离开柔体的运动，而不能限制物体其他方向的运动，所以柔体的约束反力 T 通过接触点，其方向沿着柔体的中心线而背离物体（即受拉），如图1-4所示。

（2）光滑面约束

由光滑的接触面所构成的约束称为光滑面约束。当接触处的摩擦力很小略去不计时，就是光滑接触面约束。例如，轨道对于车轮的约束。不管光滑接触面的形状如何，它都只能限制物体沿着光滑面的公法线而指向光滑面的运动，而不能限制物体沿着光滑面的公切线或离开光滑面的运动，所以光滑面的约束反力通过接触点，其方向沿着光滑面的公法线且为压力，如图1-5所示。这种约束反力称为法向反力，通常用 N 表示。

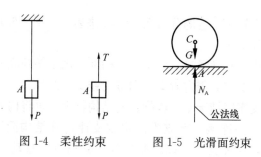

图 1-4　柔性约束　　　　图 1-5　光滑面约束

（3）铰链约束

由圆柱形铰链所构成的约束，称为圆柱铰链约束，简称铰链约束。门窗用的合页、活塞销等都是圆柱铰链的实例。理想的圆柱铰链是由一个圆柱形销钉插入两个物体的圆孔中构成（图 1-6a、图 1-6b），且认为销钉与圆孔的表面都是完全光滑的。圆柱铰链的简图如图 1-6（c）所示。

这种约束只能限制物体在垂直于销钉轴线的平面内沿任意方向的运动，而不能限制物体绕销钉的转动和沿其轴线方向的移动。当物体相对于另一物体有运动趋势时，销钉与孔壁便在某处接触，由于接触处一般不能预先知道，又因接触处是光滑的，所以，圆柱铰链的约束反力必作用于接触点，垂直于销钉轴线，并通过销钉中心，而方向未定。这种约束反力有大小和方向两个未知量，可用一个大小和方向都是未知的力 R_c 来表示（图 1-6d），

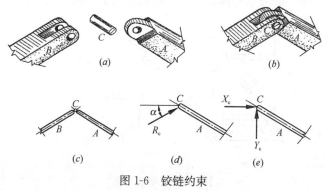

图 1-6　铰链约束

7

也可用两个互相垂直的分力 X_c 和 Y_c 来表示（图 1-6e）。

（4）铰支座

在工程上常常通过支座将一个构件支承于基础或另一静止的构件上。铰支座有固定铰支座和可动铰支座两种。

如将支座固结于基础或静止的结构物上，再将构件用圆柱形销钉与该支座连接，就成为固定铰支座，其结构简图如图 1-7（a）所示。这种支座可以限制构件沿任何方向移动，而不限制其转动，其约束反力与圆柱铰链相同。其计算简图如图 1-7（b）、图 1-7（c）所示，约束反力如图 1-7（d）所示。这种支座在工程上经常采用。

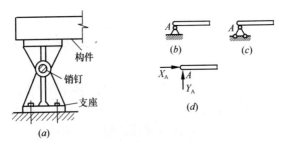

图 1-7　固定铰支座

将构件用铰链约束连接在支座上，支座用滚轴支持在光滑面上，这样的约束称为可动铰支座，其构造如图 1-8（a）所示。这种支座只能限制物体垂直于支承面方向的运动，而不能限制物

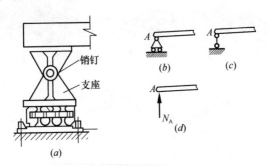

图 1-8　可动铰支座

体绕销钉的转动和沿支承面的运动。所以它的约束反力与光滑面约束相同。其计算简图如图1-8（b）、图1-8（c）所示，约束反力如图1-8（d）所示。

（5）固定端约束（固定支座）

图1-9（a）中，杆件AB的A端被牢固地固定，使杆件既不能发生移动也不能发生转动，这种约束称为固定端约束或固定支座。固定端约束的简图如图1-9（b）所示。固定端的约束反力是两个垂直的分力X_A和Y_A和一个力偶m_A，它们在图1-9（b）中的指向是假定的。约束反力X_A、Y_A对应于约束限制移动的位移；约束反力偶m_A对应于约束限制转动的位移。

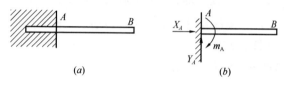

(a)   (b)

图1-9　固定支座

（6）链杆约束

所谓链杆约束就是两端用光滑铰链与物体相连，不计自重且中间不受力的杆件。链杆只在两铰链处受力的作用，因此又称二力杆。

处于平衡状态时，链杆所受的两个力应大小相等、方向相反地作用在两个铰链中心的连线上，其指向未定。如图1-10（a）所示，当不计构件自重时，构件BC即为二力杆。它的一端用铰

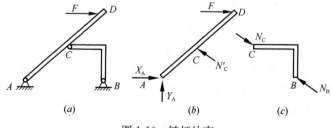

(a)   (b)   (c)

图1-10　链杆约束

链 C 与构件 AD 连接，另一端用固定铰支座 B 与地面连接。BC 杆件所受的两个力 N_C 和 N_B 如图 1-10（c）中所示。杆件 BC 作用给杆件 AD 的约束反力 N'_C 是 N_C 的反作用力，如图 1-10（b）所示。N_B、N_C、N'_C 三个力中，只需假定一个力的指向，另外两个力的指向可由二力平衡条件和作用与反作用定律确定。对这三个力的指向都作随意的假定，那是错误的。

对给定的结构和给定的荷载，应会识别结构中有无二力杆件，哪个构件是二力杆件。

（7）定向支座

将构件用两根相邻的等长、平行链杆与地面相连接，如图 1-11（a）所示。这种支座允许杆端沿与链杆垂直的方向移动，限制了沿链杆方向的移动，也限制了转动。定向支座的约束反力是一个沿链杆方向的力 N 和一个力偶 m。图 1-11（b）中反力 N_A 和反力偶 m_A 的指向都是假定的。

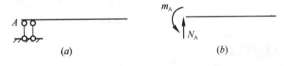

(a) (b)

图 1-11　定向支座

综合上面对几种约束的分析，可归纳出，约束反力的作用点就是约束与被约束物体的接触点；约束反力的方向总是与约束所能阻碍的物体的运动或运动趋势的方向相反。约束反力的大小一般是未知的，要根据被约束物体的受力情况确定。

4. 物体受力分析

研究力学问题，首先需要分析物体受到哪些力的作用，其中哪些力是已知的，哪些力是未知的，这就是对物体进行受力分析。在工程实际中所遇到的几乎都是几个物体通过某种连接方式组成的机构或结构，以传递运动或承受荷载。这些机构或结构统称为物体系统。

对物体进行受力分析，包括两个步骤：

（1）将所要研究的物体从与它有联系的周围物体中单独分离出来，画出其受力简图，称做取研究对象或取分离体。

（2）在分离体图上画出周围物体对它的全部作用力，包括主动力和约束反力，称做画受力图（分离体图）。

选取合适的研究对象与正确画出受力图是解决力学问题的前提和依据。如果这一步出错，就不可能做出正确计算，因此必须认真对待、反复练习、熟练掌握。

下面举例说明物体受力分析的方法。

【例1-1】画出图1-12所示搁置在墙上的梁的受力分析图。

解： 在实际工程结构中，要求梁在支承端处不得有竖向和水平方向的运动，但可在两端有微小的转动（由弯曲变形等原因引起）。为了反映上述墙对梁端部的约束性能，可按梁的一端为固定铰支座，另一端为可动铰支座来分析。简图如图1-13（a）所示。在工程上称这种梁为简支梁。

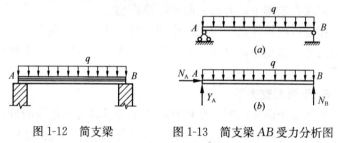

图1-12 简支梁   图1-13 简支梁 AB 受力分析图

（1）按题意取梁为研究对象，并将其单独画出。

（2）画出梁受到的主动力、自重（为均布荷载 q）。

（3）受到的约束反力，在 A 点为固定铰支座，其约束反力过铰中心点，但方向未定，通常用互相垂直的两个分力 X_A、Y_A 表示，假设指向如图1-13（b）所示；在 B 点为可动铰支座，其约束反力 N_B 与支承面垂直，指向假设为向上。这些支座反力的指向与荷载有关。据此画出梁的受力图如图1-13（b）所示。

通过以上分析，画受力图时应注意：

（1）明确研究对象

首先必须明确要画哪一个物体的受力图，并把与它相联系的其他物体及约束全部去掉，单独画出要研究的对象。

（2）不要漏画力

在研究对象上要画出它所受到的全部主动力和约束反力。所有的约束必须逐个用相应的反力来代替。重力是主动力之一，不要漏画。

（3）不要多画力

在画某一物体的受力图时，不要把它作用在周围物体上的力也画进去。

如果取几个物体组成的系统为研究对象时，系统内任何相联系的物体之间的相互作用力不要画上。

（4）不要画错力的方向

约束反力的方向必须严格按照约束的类型来画，不可单凭直观判定或者根据主动力的方向来简单推想。

在分析两物体之间的相互作用力时，要注意作用力与反作用力的关系，作用力的方向一经确定，反作用力的方向就必然与它相反。

5. 平面汇交力系

为了便于研究问题，我们常将力系按其各力作用线的分布情况分为平面力系和空间力系两大类。凡各力的作用线都在同一平面内的力系称为平面力系，凡各力的作用线不在同一平面内的力系称为空间力系。

在平面力系中，如果各力的作用线都汇交于一点，则称为平面汇交力系。它是力系中最简单的一种，在工程中经常遇到。例如，起重机起吊重物时（图 1-14a），作用于吊钩 C 的三根绳索的拉力 T、T_A、T_B 都在同一平面内，且汇交于一点，就组成一平面汇交力系（图 1-14b）。

（1）力在坐标轴上的投影与合力投影定理

1）力在坐标轴上的投影

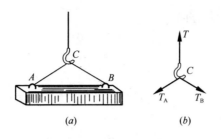

图 1-14 平面汇交力系示意

设力 F 作用在物体上某点 A 处，如图 1-15 所示。通过力 F 所在的平面的任意点 O 作直角坐标系 Oxy。从力 F 的两端点 A 和 B 分别向 x 轴作垂线，这两根垂线在 x 轴上所截得的线段 ab 加上正号或负号，称为力 F 在 x 轴上的投影，用 X 表示。同样方法也可以确定力 F 在 y 轴上的投影为线段 $a'b'$，用 Y 表示。并且规定：力在轴上的投影是个代数量。当从投影的起点到终点的指向与坐标轴正方向一致时，力的投影为正。反之力的投影为负。

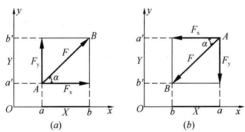

图 1-15 力在坐标轴上的投影

通常采用力 F 与坐标轴 x 所夹的锐角来计算投影，其正、负号可根据规定直观判断得出。从图 1-15 中的几何关系得出投影的计算公式为：

$$\left.\begin{array}{l}X(F_{x})=\pm F\cos\alpha\\ Y(F_{y})=\pm F\sin\alpha\end{array}\right\} \tag{1-1}$$

如果已知力 F 在两个正交轴上的投影 X 和 Y，则用下式确

定力 F 的大小和方向：

$$F = \sqrt{X^2 + Y^2} \tag{1-2}$$

$$\tan X = \left|\frac{Y}{X}\right| \tag{1-3}$$

式中 α 为力 F 与 X 轴所夹的锐角，力 F 的具体方向由 X、Y 的正、负号确定。

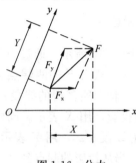

图 1-16 分力

由图 1-15 可以看出，力 F 的分力 F_x 和 F_y 的大小恰好等于力 F 在这两个轴上的投影 X 和 Y 的绝对值。但是当 X、Y 两轴不相互垂直时（图 1-16），则沿两轴的分力 F_x 和 F_y 在数值上不等于力 F 在此两轴上的投影 X 和 Y。此外还必须注意：分力是矢量，其效果与其作用点或作用线有关；而力在轴上的投影是代数量，在所有正向相同的平行轴上，同一个力的投影均相同。所以不能将分力与投影混为一体。

2）合力投影定理

合力投影定理建立了合力在轴上的投影与各分力在同一轴上的投影之间的关系。

图 1-17 表示平面汇交力系的各力 F_1、F_2、F_3 组成的力多边形，R 为合力。将力多边形中各力矢投影到 x 轴上，并令 X_1、X_2、X_3 和 R_x 分别表示各分力 F_1、F_2、F_3 和合力 R 在 x 轴上的投影，由图可知：

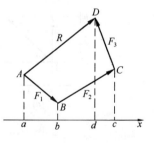

图 1-17 力多边形

$$X_1 = ab, \quad X_2 = bc, \quad X_3 = -cd, \quad R_x = ad$$
$$ad = ab + bc - cd$$

所以有：

$$R_x = X_1 + X_2 + X_3$$

显然，这一关系可推广到任意一个汇交力的情况，即

$$R = X_1 + X_2 + X_3 + \cdots\cdots + X_n = \sum_{i=1}^{n} X_i \qquad (1\text{-}4)$$

于是，得到合力投影定理如下：力系的合力在任一轴上的投影，等于力系中各力在同一轴上投影的代数和。

（2）平面汇交力系合成的几何法

1）任意一个汇交力的合成

在物体上的 O 点作用一平面汇交力系（F_1、F_2、F_3、F_4），如图 1-18（a）所示，此汇交力系的合成，可以先将力系中的两个力按力的平行四边形法则合成，用所得的合力再与第三个力合成。如此连续地应用力的平行四边形法则，即可求得平面汇交力系的合力（图 1-18b）。

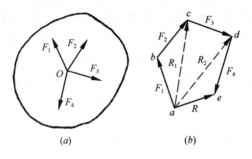

(a) (b)

图 1-18 平面汇交力系合成的几何法

实际作图时，不必作出矢量 R_1 与 R_2，直接将力系中的各力矢量首尾相连构成开口的力多边形 $abcde$，然后，由第一个力矢量的起点向最后一个力矢量的末端，引一矢量 R 将力多边形封闭，力多边形的封闭边矢量 R 即等于力系的合力矢量。这种通过几何作图求合力矢量的方法称为力多边形法则。必须注意力多边形的矢序规则：各分力沿环绕多边形边界的某一方向首尾相连，而合力的指向是从第一分力的始点指向最后一分力的终点。

力多边形法则可以推广到任意一个汇交力的情形，用公式表

示为：

$$R = F_1 + F_2 + F_3 + \cdots\cdots + F_n = \sum_{i=1}^{n} F_i \qquad (1\text{-}5)$$

即平面汇交力系合成的结果是一个合力，合力的大小和方向等于原力系中各力的矢量和，其作用线通过各力的汇交点。

作力多边形时，若改变各力的顺序，则力多边形的形状将不相同，但合力矢的大小和方向并不改变。

2）平面汇交力系平衡的几何条件

如图 1-19（a）所示，平面汇交力系 F_1、F_2、F_3、F_4 合成为一合力 R_1，即 R_1 与原力系等效。若在该力系中另加一个与 R_1 等值、反向、共线的力 F_5，作力系 F_1、F_2、F_3、F_4 和 F_5 的力多边形，此时，最后一力的终点将和第一个力的始点相重合（图 1-19b），即力多边形自行闭合。它表示该力系的合力等于零，物体处于平衡状态，而该力系成为平衡力系。反之，欲使平面汇交力系成为平衡力系，必须使它的合力为零，即力多边形必须闭合。所以，平面汇交力系平衡的必要和充分的几何条件是：力多边形自行闭合，即原力系中各力画成一个首尾相接的封闭的力多边形。或者说力系的合力等于零。用式子表示为：

$$R = 0, \qquad \text{或} \sum_{i=1}^{n} F_i = 0 \qquad (1\text{-}6)$$

如已知物体在主动力和约束反力作用下处于平衡状态，则可

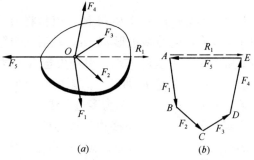

（a）　　　　　　　（b）

图 1-19　平面汇交力系平衡的几何条件

应用平衡条件求约束反力。

（3）平面汇交力系合成的解析法

1）平面汇交力系的合成

当物体受到平面汇交力系作用时，可以用一个合力代替该力系，这个代替过程是平面汇交力系的合成。平面汇交力系合成的解析法，是应用力在直角坐标轴上的投影来计算合力的大小，确定合力的方向。

作用于 O 点的平面汇交力系由 F_1、F_2、F_3……F_n 等 n 个力组成，如图 1-20（a）所示。以汇交点 O 为原点建立直角坐标系 Oxy，按合力投影定理求合力在 x、y 轴上的投影（图 1-20b）为：

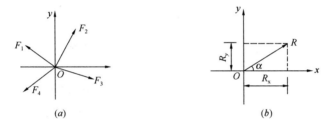

(a) (b)

图 1-20　平面汇交力系合成的解析法

$$R_x = \sum_{i=1}^{n} X_i \qquad (1\text{-}7)$$

$$R_y = \sum_{i=1}^{n} Y_i \qquad (1\text{-}8)$$

则合力的大小和方向：

$$R = \sqrt{R_x^2 + R_y^2} = \sqrt{\left(\sum_{i=1}^{n} X_i\right)^2 + \left(\sum_{i=1}^{n} Y_i\right)^2} \qquad (1\text{-}9)$$

$$\tan\alpha = \frac{|R_y|}{|R_x|} = \frac{\left|\sum\limits_{i=1}^{n} Y\right|}{\left|\sum\limits_{i=1}^{n} X\right|} \qquad (1\text{-}10)$$

式中 α 为合力 R 与 x 轴所夹的锐角，合力 R 的具体方向由

ΣX 和 ΣY 的正负号来确定，合力的作用线通过力系的汇交点 O。

用上述公式计算合力大小和方向的方法，称为平面汇交力系合成的解析法。

2）平面汇交力系平衡的解析条件

从前述知道：平面汇交力系平衡的必要和充分条件是该力系的合力等于零，即 $R=0$。而根据式（1-9）可知，即

$$R = \sqrt{R_x^2 + R_y^2} = \sqrt{\left(\sum_{i=1}^{n} X_i\right)^2 + \left(\sum_{i=1}^{n} Y_i\right)^2} = 0$$

由于 $\left(\sum\limits_{i=1}^{n} X_i\right)^2$、$\left(\sum\limits_{i=1}^{n} Y_i\right)^2$ 不可能为负值，则使 $R=0$，必须且只须：

$$\left.\begin{array}{l} \sum\limits_{i=1}^{n} X_i = 0 \\ \sum\limits_{i=1}^{n} Y_i = 0 \end{array}\right\} \tag{1-11}$$

所以，平面汇交力系平衡的必要和充分的解析条件是：力系中所有各力在两个坐标轴中每一轴上的投影的代数和均等于零。式（1-11）称为平面汇交力系的平衡方程。应用这两个独立的平衡方程可以求解不超过两个未知量的平衡问题。

物体在平面汇交力系作用下处于平衡状态是指：沿 x、y 方向都不运动或做匀速直线运动。对于建筑结构，多是处于静止状态的，所以意味着物体沿 x、y 两个方向都是静止不动的。这是因为力系中的各分力对物体在 x、y 两个方向的运动效果相互抵消了的缘故。

6. 平面力偶系

（1）力矩的概念

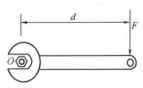

图 1-21　扳手拧紧螺母

用扳手拧紧螺母时（图 1-21），扳手绕螺母的轴线旋转。力 F 对螺母拧紧的转动效果不仅与力 F 的大小有关，而且还与螺母中心 O 到力

的作用线的垂直距离 d 有关。当 d 保持不变时，增加或减少力 F 值的大小都会影响扳手绕 O 点的转动效果，当力 F 的值保持不变时，d 值的改变也会影响扳手绕 O 点的转动效果。若改变力的作用方向，则扳手的转向就会发生改变。总之，力 F 使扳手绕 O 点转动的效果可用物理量 $F \cdot d$ 及其转向来量度。力与力臂的乘积称为力对点的矩（简称力矩）。

力 F 对 O 点的矩用符号 $M_0(F)$ 表示：

$$M_0(F) = \pm F \cdot d \qquad (1\text{-}12)$$

正、负号表示扳手的两个不同的转动方向。O 点称为力矩中心，简称矩心，O 点到力 F 作用线的距离 d 称为力臂，乘积 $F \cdot d$ 为力矩大小。通常规定：力使物体按逆时针方向转动时力矩为正，按顺时针方向转动时为负。可见，力的转动效果与力的大小成正比，与力到转动中心的垂直距离（力臂）成正比。

（2）合力矩定理

合力对平面内任一点之矩，等于力系中各分力对同一点力矩的代数和。即：

$$M_0(R) = M_0(F_1) + M_0(F_2) + \cdots + M_0(F_n) = \sum M_0(F_i)$$
$$(1\text{-}13)$$

利用上式求某力力矩，当力臂不易求出时，可将该力分解为两个分力，分别求出分力的力矩，然后求其代数和，即可求出合力的力矩。

（3）力偶及力偶矩

大小相等、方向相反、而作用线不在一直线上的两个平行力，称为力偶。力偶的转动效果用力偶矩度量。

$$M = \pm Fd \qquad (1\text{-}14)$$

F 为组成力偶的力的大小，d 为两个平行力的垂直距离，即力偶臂。

力偶用一带箭头的弧线表示，箭头表示转向。力偶使物体逆时针方向转动时，力偶矩为正，按顺时针方向转动时为负，如图 1-22 所示。所以力偶矩是代数量。单位与力矩的单位相同，常用 N·m。

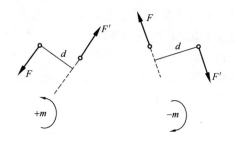

图 1-22　力偶

（4）力偶的性质

1）力偶没有合力，所以不能用一个力来代替。

2）力偶对其作用面内任一点之矩恒等于力偶矩，而与矩心位置无关。

3）在同一平面内的两个力偶，如果他们的力偶矩大小相等、力偶的转向相同，则这两个力偶是等效的，称为力偶的等效性。由此得出推论：力偶可在其作用面内任意移动，而不改变它对物体的转动效应（力偶的可移动性）；在保持力偶矩大小合力偶转向不便的情况下，可任意改变力偶中力的大小和力偶臂的长短，而不改变它对物体的转动效应（力偶的可调整性）。

度量转动效应的三要素是：力偶矩的大小、力偶的转向、力偶作用面的方位。

（5）平面力偶系的合成与平衡

1）平面力偶系的合成

平面力偶系可以合成为一个合力偶，其力偶矩等于各分力偶矩的代数和。

$$M = m_1 + m_2 + \cdots + m_n = \sum_{i=1}^{n} m_i \qquad (1\text{-}15)$$

2）平面力偶系的平衡条件

平面力偶系可合成为一个合力偶，当合力偶矩等于零时，则力偶系中各力偶对物体的转动效应相互抵消，物体处于平衡状态；反之，若合力偶矩不等于零，则物体必有转动效应而不平衡。所以，平面力偶系平衡的必要和充分条件是：力偶系中所有各力偶的各力偶矩的代数和等于零。即：

$$\sum_{i=1}^{n} m_i = 0 \qquad (1\text{-}16)$$

式（1-16）用以求解平面力偶系的平衡问题，可求出一个未知量。

7. 平面任意力系

力系中各力的作用线都在同一平面内，且任意地分布，这样的力系称为平面任意力系。在工程实际中经常遇到平面任意力系的问题。例如图 1-23 所示的简支梁受外荷载及支座反力的作用，这个力系是平面任意力系。

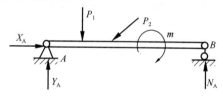

图 1-23　简支梁受外荷载及支座反力作用

有些结构所受的力系本不是平面任意力系，但可以简化为平面任意力系来处理。当物体所受的力对称于某一平面时，也可以简化为平面任意力系来处理。事实上，工程中的多数问题都可简化为平面任意力系问题来解决。所以，此内容在工程实践中有重要的意义。

（1）力的平移定理

作用于刚体上的力 F，可以平移到同一刚体上的任一点 O，但必须同时附加一个力偶，其力偶矩等于原力 F 对于新作用点 O 的矩。

（2）平面任意力系向作用面内任一点的简化

如在物体上作用一平面任意力系，则根据力的平移定理可以把力系中各力都平移到作用面内任一点 O，从而把平面任意力系简化为平面汇交力系和平面力偶系，然后再分别求这两个力系的合成结果。这种方法称为力系向任一点 O 的简化，O 点称为简化中心。

平面任意力系向作用面内任一点简化的结果，是一个力和一个力偶。这个力称为原力系的主矢（R'），它作用在简化中心，且等于原力系中各力的矢量和；这个力偶的力偶矩称为原力系对于简化中心的主矩（M_0），它等于原力系中各力对简化中心的力矩的代数和。

需要注意的是，主矢一般不是原力系的合力，主矩也不是原力系的合力偶矩，因为单独的主矢或主矩并不与原力系等效，而二者才与原力系等效。

主矢的大小和方向与简化中心的位置无关，主矩一般与简化中心的位置有关。

（3）平面任意力系简化结果的讨论

1）主矢不为零，主矩为零，即 $R' \neq 0$，$M_0 = 0$。

原力系只与一个力等效。原力系简化为一合力，此合力的矢量即为力系的主矢 R'，合力作用线通过简化中心 O 点。

2）主矢为零，主矩不为零，即 $R' = 0$，$M_0 \neq 0$。

原力系等效于一个力偶。原力系合成为一合力偶，合力偶的力偶矩等于原力系对简化中心的主矩 M_0。主矩与简化中心的位置无关。

3）主矢与主矩均为零，即 $R' = 0$，$M_0 = 0$。

平面任意力系是一个平衡力系。

4）主矢与主矩均不为零，即 $R' \neq 0$，$M_0 \neq 0$。

力系等效于一作用于简化中心 O 的力 R' 和一力偶矩为 M_0 的力偶。

（4）平面力系的合力矩定理

平面任意力系的合力对作用面内任意一点的矩等于力系中各力对同一点的矩的代数和。

$$m_0(R) = \sum_{i=1}^{n} m_0(F_i) \qquad (1\text{-}17)$$

（5）平面任意力系的平衡条件

平面任意力系平衡的必要和充分条件是：力系的主矢和力系对于任一点的主矩都等于零。即 $R'=0$，$M_0=0$。

要使 $R'=0$，必须且只须 $\sum\limits_{i=1}^{n} X_i = 0$，$\sum\limits_{i=1}^{n} Y_i = 0$。

要使 $M_0=0$，必须 $\sum\limits_{i=1}^{n} m_0(F_i) = 0$。

所以平面任意力系的平衡条件为：

$$\left. \begin{aligned} \sum_{i=1}^{n} X_i &= 0 \\[2mm] \sum_{i=1}^{n} Y_i &= 0 \\[2mm] \sum_{i=1}^{n} m_0(F_i) &= 0 \end{aligned} \right\} \qquad (1\text{-}18)$$

由此得出结论，平面任意力系平衡的必要与充分条件可表达为：力系中所有力在两个任选的坐标轴中每一轴上的投影的代数和分别等于零，以及各力对任意一点的矩的代数和等于零。

上述平衡条件解析式称为平面任意力系的平衡方程。故平面任意力系的平衡方程有三个，它们彼此相互独立，根据这些条件可以求出三个未知数。

8. 力与变形

（1）强度、刚度和稳定性的基本概念

日常使用过程中的建筑物或构筑物都是处在稳定与平衡状态。凡是处在稳定与平衡状态的结构必须同时满足以下三个方面的要求：

1）结构构件在荷载的作用下不会发生破坏，这就要求构件具有足够的强度。所谓强度就是结构或构件在外力作用下抵抗破坏的一种能力。破坏的形式有断裂、不可恢复的永久变形（塑性变形）等。

2）结构构件在荷载作用下所产生的变形应在工程允许的范围以内，这就要求结构构件必须具有足够的刚度。所谓刚度是指结构或构件在外力作用下抵抗变形的能力。

例如钢筋混凝土楼板或梁在荷载作用下，下面的抹灰层开裂、脱落等现象出现时，表明临时梁的变形太大，即梁用以支撑荷载的强度够而刚度不够。如果梁的强度不够，就会发生断裂破坏，因此结构构件的强度和刚度是相互联系又必不可少的要素。

3）结构构件在荷载的作用下，应能保持其原有形状下的平衡，即稳定的平衡，也就是结构构件必须具有足够的稳定性。所谓稳定性，是指结构或构件保持其原有平衡状态的能力。构件发生不能保持原有平衡状态的情况称为失稳。例如，房屋中承重的柱子如果过于细长，就可能由原来的直线形状变成弯曲形状，由柱子失稳而导致整个房屋的倒塌。

（2）杆件的变形

一个方向尺寸比其他两个方向尺寸大得多的构件称为杆件，简称杆。由于作用在杆件上的外力的形式不同，使杆件产生的变形也各不相同，但有以下四种基本变形形式。

1）（轴向）拉伸、压缩

直杆两端承受一对方向相反、作用线与杆轴线重合的拉力或压力时产生的变形，主要是长度的改变（伸长或缩短）（图1-24a），称为轴向拉伸或轴向压缩。

单位横截面上的内力叫做应力。垂直于横截面的应力称为正应力，正应力用字母 σ 表示。应力的单位是帕（Pa），即 N/mm^2，1MPa=10^{6}Pa。

拉伸与压缩时横截面上的内力等于外力，应力（σ）在横截面内是均匀分布的。外力为 F 单位为 N，横截面积为 A 单位为 mm^2，则：

$$\sigma = \frac{F}{A}(\text{MPa}) \qquad (1\text{-}19)$$

2）剪切

杆件承受与杆轴线垂直、方向相反、互相平行的力的作用时，构件的主要变形是在平行力之间产生的横截面沿外力作用方向发生错动（图1-24b），称为剪切变形。剪切时截面内产生的应力与截面平行，称为剪应力，用字母 τ 表示。

挡土墙因受到图的侧压力作用，在其底部会产生一个水平的剪力，因此而产生的变形即为剪切。

3）弯曲

在杆件的轴向对称面内有横向力或力偶作用时，杆件的轴线由直线变为曲线（图1-24c）时的变形为弯曲变形。弯曲是工程中常见的受力变形形式。如图1-24（e）所示，在弯曲变形时，梁的下部伸长，受拉应力作用，上部缩短，受压应力作用。截面内无伸长缩短部位称为中性轴。在弯曲变形时截面内中性轴两侧产生符号相反的正应力，应力的大小与所在点到中性轴的距离成正比。在杆件的上下表面有最大正应力 σ_{max} 和最小正应力 σ_{min}。最大正应力的计算公式为：

$$\sigma_{max} = \frac{M}{W} \qquad (1\text{-}20)$$

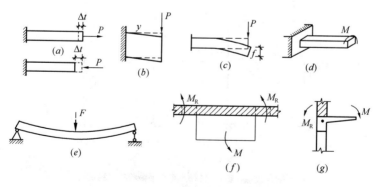

图1-24 杆件变形的基本形式

25

4）扭转

在一对方向相反、位于垂直物件的两个平行平面内的外力偶作用下，构件的任意两截面将绕轴线发生相对转动（图 1-24d），而轴线仍维持直线，这种变形形式称为扭转。变形为扭转变形。

工程中最常见的扭转现象为雨篷梁，其两端伸入墙内被卡住，而雨篷部分受自重作用要向下倒，这样梁就受到扭转作用，如图 1-24（f）、图 1-24（g）所示。雨篷梁扭转时，雨篷横截面绕轴线有相对转动。

（3）压杆稳定

工程中把承受轴向压力的直杆称为压杆。有时杆件虽有足够的强度和刚度，但并不能保证杆件就是安全的。实践表明，细长的杆件在轴向压力作用下，杆内的应力并没有达到材料的容许应力时，就可能发生突然弯曲而破坏。

为了说明压杆稳定性的概念，我们取脚手架钢管来研究。

如图 1-25 所示，在大小不等的压力 P 作用下，观察钢管直线平衡状态所表现的不同特性。为便于观察，对压杆施加不大的横向干扰力，将其推至微弯状态（图 1-25a）中的虚线状态，然后任其自然发展，就可以发现下列情形：

1）当压力 P 值较小时（P 小于某一临界值 P_{cr}），将横向干

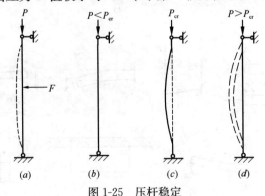

图 1-25　压杆稳定

（a）微弯状态（稳定）；（b）直线平衡状态（稳定）；

（c）微弯曲平衡状态（不稳定）；（d）不稳定

扰力去掉后，钢管就会恢复到原来的直线平衡状态（图 1-25b）。这表明，钢管原来的直线平衡状态是稳定的，该钢管的这种平衡是稳定平衡。

2）当压力 P 值继续增大，恰好等于某一临界值 P_{cr} 时，将横向干扰力去掉后，钢管不再笔直，就在被干扰成的微弯状态下处于新的平衡，既不恢复原状，也不增加其弯曲的程度（图 1-25c）。这表明，压杆可以在偏离直线平衡位置的附近保持微弯状态的平衡，称压杆这种状态的平衡为随遇平衡，它是介于稳定平衡和不稳定平衡之间的一种临界状态。当然，就压杆原有直线状态的平衡而言，随遇平衡也属于不稳定平衡。

3）当压力 P 值超过某一临界值 P_{cr} 时，将横向干扰力去掉后，钢管不仅不能恢复到原来的直线平衡状态，而且还将在微弯的基础上急剧弯曲，直至弯折，从而使压杆失去承载能力。显然，钢管原来的直线平衡状态的平衡是不稳定平衡。

压杆直线状态的平衡由稳定平衡过渡到不稳定平衡，叫压杆失去稳定，简称失稳。压杆处于稳定平衡和不稳定平衡之间的临界状态时，其轴向压力称为临界力，用 P_{cr} 表示。临界力是判别压杆是否会失稳的重要指标。

压杆的临界力计算公式（又称欧拉公式）：

$$P_{cr} = \frac{\pi^2 EI}{(\mu l)^2} \qquad (1-21)$$

μ 反映了杆端支承对临界力的影响，称为长度系数，μl 称为计算长度。当压杆两端铰支时，$\mu = 1$；一端固定、另一端自由时，$\mu = 2$；一端固定、另一端铰支，$\mu = 0.7$；两端固定时，$\mu = 0.5$。

压杆的临界应力计算公式（又称欧拉临界应力公式）：

$$\sigma_{cr} = \frac{\pi^2 E}{\lambda^2} \qquad (1-22)$$

λ 称为长细比或柔度，综合反映了压杆的长度、截面的形状与尺寸以及杆件的支承情况对临界应力的影响。λ 值越大，压杆就越容易失稳。欧拉公式仅适用于 $\sigma_{cr} \leqslant \sigma_p$ 的条件。

压杆稳定的计算公式

$$\sigma = \frac{N}{\varphi A} \leqslant [\sigma] \tag{1-23}$$

式中　N——作用在杆件上的轴向压力；

　　　A——杆的横截面的面积；

　　　φ——杆件的稳定系数，查表取值。

工程实践表明，脚手架钢管受压失稳时的临界力 P_{cr} 要比发生强度破坏时的压力小几十倍。一个脚手架，由于其中一根或几根管子失稳，将可能导致整个架子的倒塌。近几年脚手架失稳造成的倒塌事故时有发生，因此，对脚手架的钢管，要特别注意其稳定性。

9. 结构几何稳定分析

体系受到荷载作用后，构件将发生变形。在不考虑材料变形的条件下，体系受力后，能保持其几何形状和位置的不变，而不发生刚体形式的运动。这类体系称为几何不变体系。否则，称为几何可变体系。几何可变体系不能作为建筑结构使用。

杆件 AC、BC 在 C 点铰接，A、B 处用铰与地面连接，构成一三角形体系（图 1-26a）。在任何荷载作用下，该体系的几何形状和位置都保持不变。

图 1-26（b）所示体系由 AB、BC、CD 三杆件铰接而成，在 A、D 处用铰与地面连接。在荷载 P 的作用下，该体系必然发生刚体形式的运动。此时无论 P 值如何小，它的几何形状和位置都要发生变化（如图中虚线所示）。

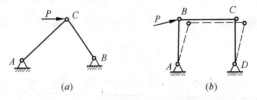

图 1-26　平面几何不变与几何可变

在空间体系中，6 根杆件绑扎成如图 1-27（a）所示体系，如果 A、B、C 三节点位置固定，则在任何荷载下，体系的几何形状和位置都保持不变。图 1-24（b）所示为 12 根杆件绑扎成的一个空间体系，A、B、C、D 四结点位置固定，只要有荷载作用，体系就会改变其原有的几何形状和位置。

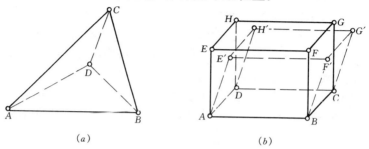

(a)　　　　　　　(b)

图 1-27　立体几何不变和几何可变

脚手架必须承受荷载，所以脚手架中各杆组成的体系必须是几何不变体系。

几何可变体系可以通过增加杆件的方法转化为几何不变体系。如图 1-27（a），在 AC 或 BD 之间加上 1 根杆件后，就变成几何不变体系。如图 1-27（b）所示，在体系的前后、左右或上下两面上各增加 1 根连接对角结点的杆件，体系仍然是几何可变体系。如果在互相垂直的三个平面上增加连接对角结点的杆件，体系就变成了几何不变体系（图 1-28）。

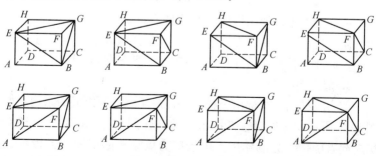

图 1-28　立体几何不变体系

（二）建筑结构体系

根据建筑物承重结构类型划分，建筑结构常见的结构体系有：

1. 混合结构

混合结构是指由不同材料制成的构件所组成的结构。通常指基础采用砖石，墙体采用砖或其他块材，楼（屋）面采用钢筋混凝土建成的房屋。例如，竖向承重构件用砖墙、砖柱，水平构件用钢筋混凝土梁、板所建造的砖混结构是最常见的混合结构。

由于混合结构有取材和施工方便，整体性、耐久性和防火性好，造价便宜等优点，所以混合结构在我国，特别是县级以下和广大农村应用十分广泛，多用于7层以下、层高较低、空间较小的住宅、旅馆、办公楼、教学楼以及单层工业厂房中。混合结构建造的房屋最高可达9层。

2. 框架结构

框架结构是由纵、横梁和柱刚性连接组成的结构。目前，我国框架结构多采用钢筋混凝土建造，也有采用钢框架的。

框架结构强度高、自重轻、整体性和抗震性好。墙体不承重，内外墙仅分别起分隔和围护作用，因此目前多采用轻质墙体材料。框架结构平面布置灵活，可任意分隔房间。它既可用于大空间的商场、工业生产车间、礼堂、食堂，也可用于办公楼、医院、学校和住宅等建筑。

钢筋混凝土框架结构体系在非抗震设防地区用于15层以下的房屋，抗震设防地区多用于10层以下建筑。个别也有超过10层的，如北京长城饭店就是18层钢筋混凝土框架结构。

3. 剪力墙结构

剪力墙结构是全部由纵横钢筋混凝土墙体所组成的结构，如图1-29所示。这种墙除抵抗水平地震作用和竖向荷载外，还对房屋起着围护和分隔作用。由于剪力墙结构的房屋平面极不灵活，所以常用于高层住宅、旅馆等建筑。剪力墙结构的整体刚度极好，因此它可以建得很高，一般多用于 25～30 层以上的房屋。剪力墙结构造价较高。

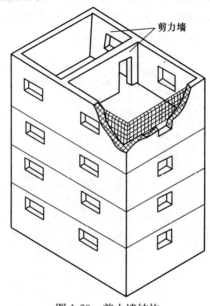

图 1-29　剪力墙结构

对底部(或底部 2～3 层)需要大空间的高层建筑，可将底部(或底部 2～3 层)的若干剪力墙改为框架，这种结构体系成为框肢剪力墙结构(图 1-30)。框肢剪力墙结构不宜用于抗震设防地区。

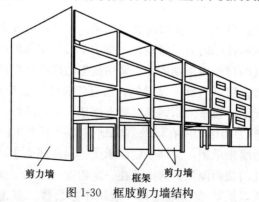

图 1-30　框肢剪力墙结构

4. 框架-剪力墙结构

钢筋混凝土框架-剪力墙结构（图 1-31）是以框架为主，选择纵、横方向的适当位置，在柱与柱之间设置几道厚度大于140mm 的钢筋混凝土剪力墙而构成的。

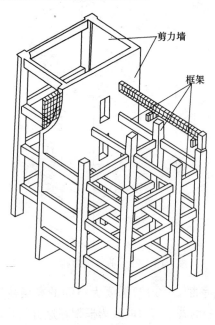

剪力墙

框架

图 1-31　框架-剪力墙结构

当房屋高度超过一定限度后，在风荷载或地震作用下，靠近底层的承重构件的内力（弯矩 M，剪力 V）和房屋的侧向位移将随房屋高度的增加而急剧增大。采用框架结构，底层的梁、柱尺寸就会很大，房屋造价不仅增加，而且建筑使用面积也会减少。在这种情况下，通常采用钢筋混凝土框架－剪力墙结构。

框架-剪力墙结构中在风荷载和地震作用下产生的水平剪力主要由剪力墙来承担，而框架则以承受竖向荷载为主，这样可以大大减小柱的截面面积。剪力墙在一定程度上限制了建筑平面的灵活性，所以框架-剪力墙结构一般用于办公楼、旅馆、住宅等柱距较大、层高较高的 16～25 层高层公共建筑和民用建筑。也可用于工业厂房。由于框架-剪力墙结构充分发挥了剪力墙和框架各自的特点，因此，在高层建筑中采用框架-剪力墙结构比框架结构更经济合理。

5. 筒体结构

筒体结构是框架-剪力墙结构和剪力墙结构的演变与发展。随着房屋的层数的进一步增加，房屋结构需要具有更大的侧向刚度以抵抗风荷载和地震作用，因此出现了筒体结构。

筒体结构根据房屋高度和水平荷载的性质、大小的不同，可以采用四种不同的形式，如图 1-32 所示。

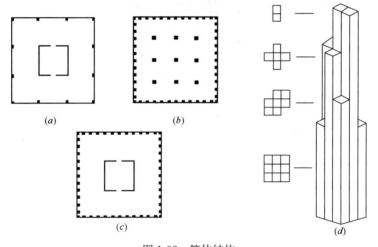

图 1-32　筒体结构
（a）核心筒；（b）框架外单筒；（c）筒中筒；（d）成组筒

核心筒结构（图 1-33）的核心部位设置封闭式剪力墙成一筒体，周边为框架结构。其核心筒筒内一般多作为电梯、楼梯和垂直管道的通道。核心筒结构多用于超高层的塔式建筑。

为了满足采光的要求，在筒壁上开有孔洞，这种筒叫做空腹筒。当建筑物高度更高，要求侧向刚度更大时，可采用筒中筒结构（图 1-34）。这种筒体由空腹外筒和实腹内筒组成，内外筒之

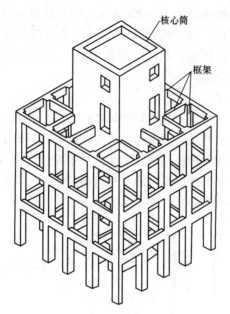

图 1-33　核心筒结构

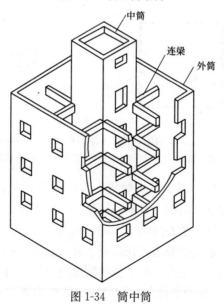

图 1-34　筒中筒

间用连梁连接，形成一个刚性极好的空间结构。

筒体结构将钢筋混凝土剪力墙围成侧向刚度很大的封闭筒体，因剪力墙的集中而获得较大的空间，平面设计较灵活，适用于办公楼等高层或超高层（高度 $H \geqslant 100m$）各种公共与商业建筑中，如饭店、写字楼等。

6. 大板结构

装配式钢筋混凝土大板建筑是由预制的钢筋混凝土大型外墙板、内墙板、隔墙板、楼板、屋面板、阳台板等构件装配而成的建筑。墙板与墙板、墙板与楼板、楼板与楼板的结合处可用焊接和局部浇筑使其成为整体（图 1-35）。

大板建筑适用于高层小开间建筑，如住宅、旅馆、办公楼等。

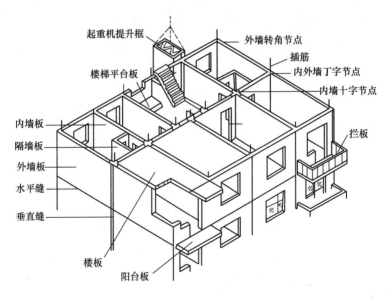

图 1-35　大板结构

7. 大跨空间结构

大跨空间结构是指在体育场馆、大型火车站、航空港等公共建筑中所采用的结构。在这种结构中，竖向承重结构构件多采用钢筋混凝土柱，水平体系多采用钢结构，如屋盖采用钢网架、薄壳或悬索结构等。大跨度建筑及作为其核心的空间结构技术的发展状况是代表一个国家建筑科技水平的重要标志之一。

二、脚手架基础知识

脚手架又称架子，是建筑工程施工活动中工人进行施工操作，运送和堆放材料时必须使用的一种重要临时设施，是为保证高处作业安全、顺利进行施工而搭设的工作平台或作业通道。搭设脚手架的成品和材料称为"架设材料"或"架设工具"。

脚手架对建筑施工速度、工作效率、工程质量以及工人的人身安全有着直接的影响。如果脚手架搭设不及时，势必会拖延工程进度；脚手架搭设不符合施工需要，工人操作就不方便，质量得不到保证，工效就得不到提高；脚手架搭设不牢固、不稳定，就容易造成施工中的伤亡事故。因此对脚手架的选型、构造、搭设、质量等因素，决不能疏忽大意、草率处理。

（一）脚手架的作用及分类

1. 建筑脚手架的作用

脚手架是建筑施工中不可缺少的空中作业工具，无论结构施工还是室内外装修施工，以及设备安装都需要根据操作要求搭设脚手架。比如砌筑砖墙、浇筑混凝土、墙面抹灰、装饰和粉刷、结构构件的安装等。

脚手架的主要作用：

1）可以使施工作业人员在不同部位进行操作。

2）能堆放及运输一定数量的建筑材料。

3）保证施工作业人员在高空操作时的安全。

2. 建筑脚手架的分类

（1）按用途划分

1）操作脚手架：为施工操作提供高处作业条件的脚手架，包括结构脚手架、装修脚手架。

2）防护用脚手架：只用做安全防护的脚手架，包括各种护栏架和棚架。

3）承重、支撑用脚手架：用于材料的运转、存放、支撑以及其他承载用途的脚手架，如受料平台、模板支撑架和安装支撑架等。

（2）按脚手架的支固方式划分

1）落地式脚手架：搭设（支座）在地面、楼面、屋面或其他平台结构之上的脚手架。

2）悬挑脚手架（简称"挑脚手架"）：采用悬挑方式支固的脚手架。

3）附墙悬挂脚手架（简称"挂脚手架"）：在上部或（和）中部挂设于墙体挑挂件上的定型脚手架。

4）悬吊脚手架（简称"吊脚手架"）：悬吊于悬挑梁或工程结构之下的脚手架。当采用篮式作业架时，称为"吊篮"。

5）附着升降脚手架（简称"爬架"）：附着于工程结构、依靠自身提升设备实现升降的悬空脚手架。

6）水平移动脚手架：带行走装置的脚手架（段）或操作平台架。

（3）按设置形式划分

1）单排脚手架：只有1排立杆的脚手架，其横向水平杆的另一端搁置在墙体结构上。

2）双排脚手架：具有2排立杆的脚手架。

3）多排脚手架：具有3排以上立杆的脚手架。

4）满堂脚手架：按施工作业范围满设的、两个方向各有3排以上立杆的脚手架。

5）满高脚手架：按墙体或施工作业最大高度，由地面起满高度设置的脚手架。

6）交圈（周边）脚手架：沿建筑物或作业范围周边设置并

相互交圈连接的脚手架。

7）特形脚手架：具有特殊平面和空间造型的脚手架，如用于烟囱、水塔、冷却塔以及其他平面为圆形、环形、"外方内圆"形、多边形和上扩、上缩等特殊形式的建筑施工脚手架。

（4）按构架方式划分

1）杆件组合式脚手架：俗称"多立杆式脚手架"，简称"杆组式脚手架"。

2）框架组合式脚手架：简称"框组式脚手架"，即由简单的平面框架（如门架）与连接、撑拉杆件组合而成的脚手架，如门式钢管脚手架、梯式钢管脚手架等。

3）格构件组合式脚手架：即由桁架梁和格构柱组合而成的脚手架，如桥式脚手架，有提升（降）式和沿齿条爬升（降）式两种。

4）台架：具有一定高度和操作平面的平台架，多为定型产品，其本身具有稳定的空间结构。可单独使用或立拼增高与水平连接扩大，并常带有移动装置。

（5）按脚手架平、立杆的连接方式分类

1）承插式脚手架：在平杆与立杆之间采用承插连接的脚手架。常见的承插连接方式有插片和楔槽、插片和碗扣、套管和插头以及U形托挂等。

2）扣件式脚手架：使用扣件箍紧连接的脚手架，即靠拧紧扣件螺栓所产生的摩擦力承担连接作用的脚手架。

（6）按脚手架封闭程度分类

1）开口型脚手架：沿建筑物周边没有交圈搭设的脚手架。

2）一字形脚手架：呈直线形搭设的脚手架。

3）封圈型脚手架：沿建筑物周边交圈搭设的脚手架。

此外，还按脚手架的材料划分为竹脚手架、木脚手架、钢管或金属脚手架；按搭设位置划分为外脚手架和里脚手架；按使用对象或场合划分为高层建筑脚手架、烟囱脚手架、水塔脚手架。还有定型与非定型、多功能与单功能之分。

3. 搭设建筑脚手架的基本要求

无论哪一种脚手架，必须满足以下基本要求。

1）满足施工的需要。脚手架要有足够的作业面（比如适当的宽度、步架高度、离墙距离等），以保证施工人员操作、材料堆放和运输及安全围护的需要。

2）构架稳定、承载可靠、使用安全。脚手架要有足够的强度、刚度和稳定性，施工期间在规定的允许荷载的作用下及气候条件影响下，应保证脚手架稳定不变形、不倾斜、不摇晃、不失稳，确保安全。

3）尽量利用自备和可租赁到的脚手架材料解决，减少自制加工件。

4）依工程结构情况解决脚手架设置中的穿墙、支撑和拉结要求。

5）构造要简单，搭设、拆除和搬运要方便，使用要安全，并能满足多次周转使用。

6）以合理的设计减少材料和人工的耗用，节省脚手架费用。

另外，脚手架严禁钢木、钢竹混搭，严禁不同受力性质的外架连接在一起。

4. 建筑脚手架的使用现状和发展趋势

（1）脚手架使用现状

我国幅员辽阔，各地建筑业的发展存在差异，脚手架的发展也不平衡。目前脚手架工程的现状是：

1）扣件式钢管脚手架，自20世纪60年代在我国推广使用以来普及迅速，目前在大、中城市的建筑施工应用上占主导地位。

2）传统的竹、木脚手架在一些建筑发展较慢的中小城市和村镇仍在继续大量使用。随着钢脚手架的推广应用，在一些大中城市已经较少使用。

3）自20世纪80年代以来，高层建筑和超高层建筑有了较大发展，为了满足这类施工的需要，多功能脚手架，如门式钢管脚手架、碗扣式钢管脚手架、悬挑式脚手架、附着升降脚手架等相继在工程中应用，深受施工企业的欢迎。此外，为适应通用施工的需要，一些建筑施工企业也从国外引进或自行研制了一些通用定型的脚手架，如吊篮、挂脚手架、桥式脚手架、挑架等。

（2）脚手架的发展趋势

随着国民经济的迅速发展，建筑业被列为国家的支柱产业之一。随着建筑业的兴旺发达，建筑脚手架的发展趋势体现在以下几方面。

1）金属脚手架必将取代竹、木脚手架。传统的竹、木脚手架其材料质量不易控制，搭设构造要求难以严格掌握，技术落后，材料损耗量大，并且使用和管理上不太方便，最终将被金属脚手架所取代。

2）为适应现代建筑施工，减轻劳动强度，节约材料，提高经济效益，适用性强的多功能脚手架将取代传统型的脚手架且要定型系列化。同时脚手架也在向工具式、机械化和半自动化方向发展，如附着升降脚手架在高层及超高层建筑施工中已得到广泛应用。

3）高层和超高层施工中脚手架的用量大，技术复杂，要求脚手架的设计、搭设、安装等均应规范化，脚手架的杆（构）配件也应由专业工厂生产供应。

（二）脚手架有关专业术语

（1）地基：脚手架下面支承建筑脚手架总荷载的那部分土层。

（2）底座：设于立杆底部的垫座。

（3）垫板：设于底座下的支承板。

（4）立杆：平行于建筑物并垂直地面的杆件，是承受自重和施工荷载的主要受力杆件。

（5）纵向水平杆（大横杆）：平行于建筑物，沿脚手架纵向

（顺着墙面方向）连接各立柱的水平杆件。是承受并传递施工荷载给立杆的主要受力杆件。

（6）横向水平杆（小横杆）：垂直于建筑物，沿脚手架横向（垂直墙面方向）连接内、外排立杆的水平杆件。是承受并传递施工荷载给立杆的主要受力杆件。

（7）单排脚手架（单排架）：只有一排立杆和大横杆，小横杆的一端伸入墙体内，一端搁置在大横杆上的脚手架。

（8）双排脚手架（双排架）：由内外两排立杆和水平杆等构成的脚手架。

（9）敞开式脚手架：仅在作业层设有栏杆和挡脚板，无其他遮挡设施的脚手架。

（10）全封闭脚手架：脚手架外侧用立网、钢丝网等材料沿全长和全高进行封闭处理的脚手架。

（11）局部封闭脚手架：遮挡面积小于30％的脚手架。

（12）半封闭脚手架：遮挡面积占30％～70％的脚手架。

（13）封圈型脚手架：沿建筑周边交圈设置的脚手架。

（14）开口型脚手架：沿建筑周边非交圈设置的脚手架。

（15）一字形脚手架：只沿建筑物一侧布置呈直线形的脚手架。

（16）支撑架：为钢结构安装或浇筑混凝土构件等搭设的承力支架。

（17）结构脚手架：用于砌筑和结构工程施工作业的脚手架。

（18）装修脚手架：用于装修工程施工作业的脚手架。

（19）脚手架高度：自立杆底座下皮至架顶栏杆上皮之间的垂直距离。

（20）脚手架长度：脚手架纵向两端立杆外皮间的水平距离。

（21）脚手架宽度：双排脚手架横向内、外两立杆外皮之间的水平距离。单排脚手架为外立杆外皮至墙面的距离。

（22）步距（步）：上下水平杆轴线间的距离。

（23）立杆横距（间距）：双排脚手架内外立杆之间的轴线距

离。单排脚手架为外立杆轴线至墙面的距离。

（24）立杆纵距（跨）：脚手架纵向（铺脚手板方向）相邻立杆轴线间的距离。

（25）主节点：脚手架上立杆、大横杆、小横杆三杆紧靠的扣接点。

（26）作业层（操作层、施工层）：上人作业的脚手架铺板层。

（27）扫地杆：贴近地面设置，连接立杆根部的纵横向水平杆件。其作用是约束立杆下端部的移动。包括纵向扫地杆和横向扫地杆。

（28）连墙件：将脚手架架体与建筑主体结构连接，能够传递拉力和压力的构件。是承受风荷载并保持脚手架空间稳定的重要部件。

（29）刚性连墙件：采用钢管、扣件或预埋件组成的连墙件。

（30）柔性连墙件：采用钢筋（或钢丝）作拉筋构成的连墙件。

（31）剪刀撑：在脚手架竖向或水平向成对设置的交叉斜杆。其主要作用是增强脚手架整体刚度和平面稳定性，斜杆与地面夹角 $45°\sim60°$。

（32）横向斜撑：与双排脚手架内外立杆或水平杆斜交，上下连续呈"之"字形布置的斜杆。可增强脚手架的稳定性和刚度。

（33）抛撑：与脚手架外侧面斜交的杆件。起支撑作用，防止脚手架向外倾覆。

（34）扣件：采用螺栓紧固的扣接连接件。包括直角扣件、旋转扣件和对接扣件。

（35）防滑扣件：根据抗滑要求增设的非连接用途扣件。

（36）脚手板：在脚手架或操作架上铺设的便于工人在其上方行走、转运材料和施工作业的支承板。

（37）护栏：作业层设置在外立杆的内侧，高度不低于 1.2m

的防护栏杆，通常设置 2 道。作用是防止人或物的闪出或坠落。

（38）挡脚板：作业层设置在外立杆的内侧，高度不低于180mm 的长条板。

（39）高层建筑脚手架：高度在 24m 以上的脚手架。

（三）脚手架搭设的材料和常用工具

1. 架设材料

搭设脚手架的材料有钢管架料及其配件，竹木架料及绑扎绳料。

（1）钢管架料

1）钢管

钢管采用直缝电焊钢管或低压流体输送用焊接钢管，外径为48.3mm，壁厚为 3.6mm。

用于立杆、大横杆和各支撑杆（斜撑、剪刀撑、抛撑等）的钢管最大长度不得超过 6.5m，一般为 4～6.5m，小横杆所用钢管的最大长度不得超过 2.2m，一般为 1.8～2.2m。每根钢管的重量应控制在 25.8kg 之内。钢管两端面应平整，严禁打孔、开口。

通常对新购进的钢管先进行除锈，钢管内壁刷涂两道防锈漆，外壁刷涂防锈漆一道、面漆两道。对旧钢管的锈蚀检查应每年一次。检查时，在锈蚀严重的钢管中抽取三根，在每根钢管的锈蚀严重部位横向截断取样检查。经检验符合要求的钢管，应进行除锈，并刷涂防锈漆和面漆。

2）扣件

目前，我国钢管脚手架中的扣件有可锻铸铁扣件与钢板压制扣件两种。前者质量可靠，应优先采用。采用其他材料制作的扣件，应经实验证明其质量符合该标准的规定后方可使用。扣件螺栓采用 Q235A 级钢制作。

扣件基本上有三种形式，如图 2-1 所示。

① 直角扣件（十字扣件）：用于连接两根垂直相交的杆件，如立杆与大横杆、大横杆与小横杆的连接。靠扣件和钢管之间的摩擦力传递施工荷载。

② 旋转扣件（回转扣件）：用于连接两根平行或任意角度相交的钢管的扣件。如斜撑和剪刀撑与立柱、大横杆和小横杆之间的连接。

③ 对接扣件（一字扣件）：钢管对接接长用的扣件，如立杆、大横杆的接长。

脚手架采用的扣件，在螺栓拧紧扭力矩达 65N·m 时，不得发生破坏。

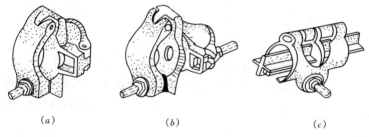

（a）   （b）   （c）

图 2-1　扣件实物图
（a）直角扣件；（b）旋转扣件；（c）对接扣件

对新采购的扣件应进行检验。若不符合要求，应抽样送专业单位进行鉴定。

旧扣件在使用前应进行质量检查，并进行防锈处理。有裂缝、变形的严禁使用，出现滑丝的螺栓必须更换。新旧扣件均应进行防锈处理。

3）底座

扣件式钢管脚手架的底座有可锻铸铁制成的定型底座和套管、钢板焊接底座两种，可根据具体情况选用。几何尺寸如图2-2所示。

可锻铸铁制造的标准底座，其材质和加工质量要求同可锻铸铁扣件相同。

焊接底座采用 Q235A 钢，焊条应采用 E43 型。

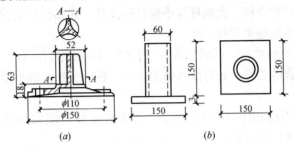

图 2-2　底座
（a）铸铁底座；（b）焊接底座

（2）竹木架料

1）木材

木材可用做脚手架的立杆、大小横杆、剪刀撑和脚手板。

常用木材为剥皮杉或其他坚韧质轻的圆木，不得使用柳木、杨木、桴木、锻木、油松等木材，也不得使用易腐朽易折裂的其他木材。

用做立杆时，木料小头有效直径不小于 70mm，大头直径不大于 180mm，长度不小于 6m；用做大横杆时，小头有效直径不小于 80mm，长度不小于 6m；用做大横杆时，杉杆小头直径不小于 90mm，硬木（柞木、水曲柳等）小头直径不小于 70mm，长度 2.1～2.2m。用做斜撑、剪刀撑和抛撑时，小头直径不小于 70mm，长度不小于 6m。用做脚手板时，厚度不小于 50mm。

搭设脚手架的木材材质应为二等或二等以上。

2）竹材

竹竿应选用生长期 3 年以上的毛竹或楠竹。要求竹竿挺直，质地坚韧。不得使用弯曲不直、青嫩、枯脆、腐朽、虫蛀以及裂缝连通两节以上的竹竿。

有裂缝的竹材，在下列情况下，可用钢丝绑扎加固使用：做立杆时，裂缝不超过 3 节；做大横杆时，裂缝不超过 2 节；做小横杆时，裂缝不超过 1 节。

竹杆有效部分小头直径，用做立杆、大横杆、顶撑、斜撑、剪刀撑、抛撑等不得小于 75mm；用做小横杆不得小于 90mm；用做搁栅、栏杆不得小于 60mm。

承重杆件应选用生长期 3 年以上的冬竹（农历白露以后至次年谷雨前采伐的竹材）。这种竹材质地坚硬，不易虫蛀、腐朽。

（3）绑扎材料

竹木脚手架的各种杆件一般使用绑扎材料加以连接，木脚手架常用的绑扎材料有镀锌钢丝和钢丝两种。竹脚手架可以采用竹篾、镀锌钢丝、塑料篾等。竹木脚手架中所有的绑扎材料均不得重复使用。

1）镀锌钢丝又称铁丝。抗拉强度高、不易锈蚀，是最常用的绑扎材料，常用 8 号和 10 号镀锌钢丝。8 号镀锌钢丝直径 4mm；抗拉强度为 900N/mm^2；10 号镀锌钢丝直径为 3.5mm，抗拉强度为 1000N/mm^2。镀锌钢丝使用时不准用火烧，次品和腐蚀严重的产品不得使用。

2）钢丝。常采用 8 号回火冷拔钢丝，使用前要经过退火处理（又称火烧丝）。腐蚀严重、表面有裂纹的钢丝不得使用。

3）竹篾是由毛竹、水竹或慈竹破成。要求篾料质地新鲜、韧性强、抗拉强度高；不得使用发霉、虫蛀、断腰、大节疤等竹篾。竹篾使用前应置于清水中浸泡 12h 以上，使其柔软、不易折断。竹篾的规格见表 2-1 所列。

竹篾规格 表 2-1

名称	长度（m）	宽度（m）	厚度（m）
毛竹篾	3.5～4.0	20	0.8～1.0
水竹、慈片篾	>2.5	5～45	0.6～0.8

4）塑料篾又称纤维编织带。必须采用有生产厂家合格证书和力学性能试验合格数据的产品。

（4）脚手板

脚手板铺设在小横杆上，形成工作平台，以便施工人员工作和临时堆放零星施工材料。它必须满足强度和刚度的要求，保护施工人员的安全，并将施工荷载传递给纵、横水平杆。

常用的脚手板有：冲压钢板脚手板、木脚手板、钢木混合脚手板和竹串片、竹笆板等，施工时可根据各地区的材源就地取材选用。每块脚手板的重量不宜大于30kg。

1）冲压钢板脚手板

冲压钢板脚手板用厚2.0mm钢板冷加工而成，钢材应符合国家现行标准《碳素结构钢》GB/T 700—2006中Q235A级钢的规定。不宜用于冬季和南方雾雨、潮湿地区。

常用规格：厚度为50mm，宽度为250mm，长度为2m、3m、4m等，板面上冲有三排梅花形布置的φ25翻边圆孔做防滑处理。脚手板的一段压有直接卡口，以便在铺设时扣住另一块板的端肋，首尾相连，使脚手板不至在横杆上滑脱。其形式、构造和外形尺寸如图2-3所示。

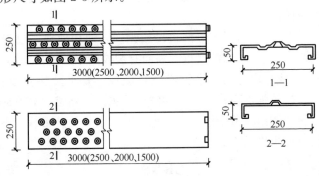

图2-3 冲压钢板脚手板形式与构造

钢脚手板的连接方式有挂钩式、插孔式和U形卡式，如图2-4所示。

2）木脚手板

木脚手板应采用杉木或落叶松制作，其材质应符合现行国家标准《木结构设计规范》GB 50005中Ⅱa级材质的规定。脚手

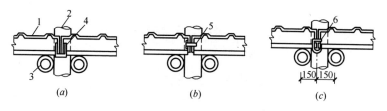

图 2-4　冲压钢板脚手板的连接方式

(a) 挂钩式；(b) 插孔式；(c) U 形卡式

1—钢脚手板；2—立杆；3—小横杆；4—挂钩；5—插销；6—U 形卡

板厚度不应小于 50mm，板宽为 200～250mm，板长 3～6m。在板两端往内 80mm 处，用不小于 4mm 的镀锌钢丝箍两道，防止板端劈裂。

3）竹串片脚手板

采用螺栓穿过并列的竹片将其串连拧紧而成，适用于不行车的脚手架。螺栓直径 8～10mm，离板端为 200～250mm，间距500～600mm，螺栓孔直径不得大于 10mm。竹片宽（板厚）50mm；竹串片脚手板长 2～3m，宽 0.25～0.3m，如图 2-5所示。

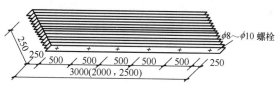

图 2-5　竹串片脚手板

4）竹笆脚手板

竹笆脚手板应采用平放的竹片纵横编织而成。纵片不得少于5 道且第一道用双片，横片应一反一正，四边端纵横片交点应用钢丝穿过钻孔每道扎牢。竹片厚度不得小于 10mm，宽度应为30mm。每块竹笆脚手板应沿纵向用钢丝扎两道宽 40mm 双面夹筋，夹筋不得用圆钉固定。竹笆脚手板长应为 1.5～2.5m，宽应为 0.8～1.2m，如图 2-6 所示。

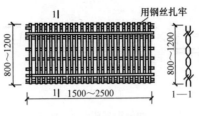

图 2-6 竹笆脚手板

5）整竹拼制脚手板

采用大头直径为 30mm，小头直径为 20～25mm 的整竹大小头一顺一倒相互排列而成。板长应为 0.8～1.2m，宽度应为 1.0m。整竹之间应用 14 号镀锌钢丝编扎，并应 150mm 一道。脚手板两端及中间应对称设四道双面木板条，并应采用镀锌钢丝绑牢（图 2-7）。

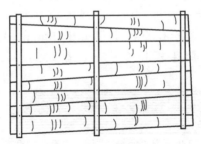

图 2-7 整竹拼制脚手板

6）钢竹脚手板

这种脚手板用钢管作直挡，钢筋作横挡，焊成爬梯式，在横挡间穿编竹片，如图 2-8 所示。

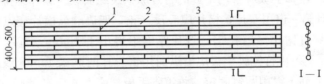

图 2-8 钢竹脚手板
1—钢筋；2—钢管；3—竹片

2. 搭设工具

（1）铁钎

主要用于木脚手架或竹脚手架，用于搭拆脚手架时拧紧钢丝。一般长 30cm。手柄上带槽孔和栓孔的铁钎，还可以用来拔钉子及螺栓，如图 2-9 所示。

图 2-9　手柄上带有槽孔和栓孔的钎子

（2）扳手

扳手是一种常用的安装与拆卸的手工工具，利用杠杆原理拧转螺栓、螺钉、螺母和其他螺纹，紧持螺栓或螺母的开口或套孔固件。扳手通常在柄部的一端或两端制有夹柄部，使用时沿螺纹旋转方向在柄部施加外力，就能拧转螺栓或螺母。

扳手有活扳手和呆扳手两种，活扳手的开口可以调节大小，呆扳手的开口是固定的，只能用于紧固某一种螺母。呆扳手有开口式、套筒式和棘轮套筒式等。

扳手通常用碳素结构钢或合金结构钢制造，表面经镀铬、电泳、磷化等处理而呈亮或亚光，黑色。扳口应对称，激光刻字要清楚，扳手的硬度应达到规定的标准，卡位要准确。不得有生锈、毛刺、裂纹和斑点等缺陷。

扳手在架子工作业中主要用于搭设扣件式钢管脚手架时旋紧螺栓。常用的扳手类型主要有活动扳手、固定扳手、梅花扳手、两用扳手、扭力扳手等。

1）活动扳手

活动扳手也叫活扳手、活络扳手，由呆扳唇、活扳唇、扳口、蜗轮、轴销和手柄组成，如图 2-10 所示。活扳手开口宽度可在一定尺寸范围内进行调节，能拧转不同规格的螺栓或螺母。蜗轮运作要灵活，轴销不能松动。

2）固定扳手

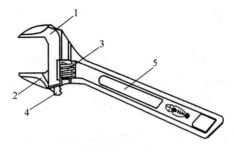

图 2-10　活动扳手

1—呆扳唇；2—活扳唇；3—蜗轮；4—轴销；5—手柄

固定扳手也叫死扳手、开口扳手或呆扳手。一端或两端制有固定尺寸的开口，用以拧转一定尺寸的螺母或螺栓。其开口尺寸与螺钉头、螺母的尺寸相适应，并根据标准尺寸制成一套。主要分为双头和单头两种，如图 2-11 所示。

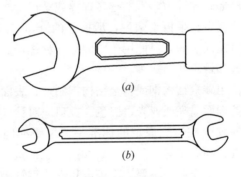

(a)

(b)

图 2-11　呆扳手

(a) 单头呆扳手；(b) 双头呆扳手

3）扭力扳手

扭力扳手又叫力矩扳手、扭矩扳手、扭矩可调扳手等。扭力扳手可分为定值式和预置式两种。定值式扭力扳手在拧转螺栓或螺母时，能显示出所施加的扭矩；预置式扭力扳手当施加的扭矩到达规定值后，会发出光或声响信号，如图 2-12 所示。扭力扳手适用于对扭矩大小有明确规定的装配工作。

扭力扳手分为手动和电动两大类。手动扭力扳手分为机械音响报警式、数显式、打滑式（自滑转式）和指针式（表盘式）。

机械音响报警式，采用杠杆原理，当力矩到达设定力矩时会出现"嘭"的一声，机械相碰的声音，此后扳手会成为一个死角，既相当于呆扳手，如再用力，会出现过力现象。

数显式和指针式（表盘式）把作用力矩可视化，在机械音响报警式扭矩扳手的基础上工作。

打滑式（自滑转式）采用过载保护、自动卸力模式，当力矩到达设定力矩时会自动卸力（同时也会出现机械相碰的声音），此后扳手自动复位，如再用力，会再次打滑，不会出现过力现象。

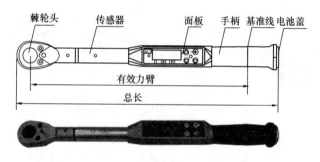

图 2-12　预置式扭力扳手

4）其他常用扳手

梅花扳手：两端具有带六角孔或十二角孔的工作端，适用于工作空间狭小，不能使用普通扳手的场合。

两用扳手：一端与单头呆扳手相同，另一端与梅花扳手相同，两端拧转相同规格的螺栓或螺母。

钩形扳手：又称月牙形扳手，用于拧转厚度受限制的扁螺母等。

套筒扳手：它是由多个带六角孔或十二角孔的套筒并配有手柄、接杆等多种附件组成，特别适用于拧转空间十分狭小或凹陷很深处的螺栓或螺母。

内六角扳手：成 L 形的六角棒状扳手，专用于拧转内六角螺钉。

各类扳手如图 2-13 所示。

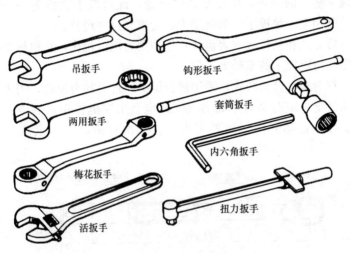

图 2-13　各类扳手

（3）其他工具

1）钢丝钳、钢丝剪、斩斧：用于拧紧、剪断铁丝和钢丝。

钢丝钳又叫花腮钳、克丝钳，是一种夹钳和剪切工具，用于夹持或弯折金属薄板、圆柱形金属零件以及切断金属丝，其旁刃口也可用于切断细金属丝。由钳头和钳柄组成，钳头包括钳口、齿口、刀口和铡口。铁柄钳适用于一般环境，绝缘柄适用于有电环境。

钢丝钳各部位的作用是：齿口可用来紧固或拧松螺母；刀口可用来剖切软电线的橡皮或塑料绝缘层，也可用来剪切电线、铁丝；铡口可以用来切断电线、钢丝等较硬的金属线；钳子的绝缘塑料管耐压 500V 以上，有了它可以带电剪切电线。其构造及应用如图 2-14 所示。

2）榔头：用于搭设碗扣式钢管脚手架时敲拆碗扣。

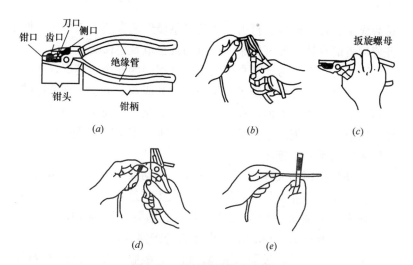

图 2-14　钢丝钳的构造及应用

(a) 构造；(b) 弯绞导线；(c) 紧固螺母；(d) 剪切导线；(e) 铡切钢丝

3）篾刀：用于搭设竹木脚手架时劈竹破篾。

4）撬杠：用于搭设竹木脚手架时拨、撬竹木杆，移动物体和矫正构件，用圆钢或六角钢锻制而成，一头做成尖锥形，另一头做成鸭嘴形或虎牙形。并弯折成40°～50°角，如图2-15所示。

图 2-15　撬杠

(a) 鸭嘴形撬杠；(b) 虎牙形撬杠

5）洛阳铲：用于木脚手架挖立杆坑。

（四）架子工的安全防护

劳动者在生产过程中由于作业环境条件异常而超过人体的耐受力，防护装备缺乏或缺陷，以及其他突然发生的原因，往往容易造成尘、毒、触电、打击、坠落等急慢性危害或工伤事故，伤害劳动者的身体，损害健康，严重的甚至危及生命。

国家为了保护劳动者在劳动生产过程中的安全、健康，在改善劳动条件、消除事故隐患、预防事故和职业危害、实现劳逸结合和女职工保护等方面，在法律、组织、制度、技术、设备、教育上采取了一系列综合措施，即劳动保护。使用个人防护用品，是所采取的重要措施之一。

劳动防护用品又称个人防护用品、劳动保护用品，是指由生产经营单位为从业人员配备的，使其在生产过程中免遭或者减轻事故伤害和职业危害的个人防护装备。国际上称为 PPE（Personal Protective Equipment），即个人防护器具。

劳动保护用品通过采取阻隔、封闭、吸收、分散、悬浮等措施，能起到保护机体的局部或全部免受外来侵害的作用。在一定条件下，正确使用劳动防护用品，是保障从业人员人身安全与健康的重要措施。防护用品应严格保证质量，安全可靠，而且穿戴要舒适方便，经济耐用。

劳动防护用品分为一般劳动防护用品和特种劳动防护用品。特种劳动防护用品，必须取得特种劳动防护用品安全标志。

劳动防护用品按照防护部位分为以下几类：

（1）头部防护类：包括各种材料制作的安全帽、工作帽、防寒帽等。

（2）眼、面部防护类：包括电焊面罩，各种防冲击型、防腐蚀型、防辐射型、防强光型护目镜和防护面罩。

（3）听觉器官防护类：包括各种材料制作的防噪声护具，主要有耳塞、耳罩和防噪声帽等。

（4）呼吸器官防护类：包括过滤式防毒面具、各种防尘口罩（不包括纱布口罩）、过滤式防微粒口罩、长管面具、氧（空）气呼吸器等。

（5）手部防护类：绝缘、耐油、耐酸碱手套，防寒、防振、防静电、防昆虫、防放射、防微生物、防化学品手套，搬运手套、焊接手套等。

（6）足部防护类：包括矿工靴、防水胶靴，绝缘、耐油、耐酸鞋，防寒、防振、防滑、防砸、防刺穿、防静电、防化学品鞋，隔热阻燃鞋和焊接防护鞋。

（7）躯体防护类：包括棉布工作服、一般防护服、水上作业服、救生衣、潜水服、带电作业屏蔽服，隔热、绝缘、防寒、防水、防尘、防油、防酸碱、防静电、防电弧、防放射性服，化学品、阻燃、焊接等防护服。

（8）防坠落类：包括安全带（含速差式自控器与缓冲器）、安全网、安全绳。

（9）皮肤防护：各种劳动防护专用护肤用品。

建筑施工企业劳动防护用品的配备、使用与管理基本要求如下：

（1）劳动防护用品的配备，应该按照"谁用工、谁负责"的原则，由使用劳动防护用品的单位（以下简称使用单位）按照《个体防护装备选用规范》GB/T 11651—2008 和《建筑施工作业劳动防护用品配备及使用标准》JGJ 184—2009 以及有关规定，为作业人员按作业工种免费配备劳动防护用品。使用单位应当安排用于配备劳动防护用品的专项经费。

使用单位不得以货币或其他物品替代应当按规定配备的劳动防护用品。

（2）使用单位应建立健全劳动防护用品的购买、验收、保管、发放、使用、更换、报废等管理制度，并应按照劳动防护用品的使用要求，在使用前对其防护功能进行必要的检查。

（3）使用单位应选定劳动防护用品的合格供货方，为作业人员配备的劳动防护用品必须符合国家标准或者行业标准，应具备生产许可证、产品合格证等相关资料。经本单位安全生产管理部门审查合格后方可使用。

国家对特种劳动防护用品实施安全生产许可证制度。使用单位采购、配备和使用的特种劳动防护用品必须具有安全生产许可证、产品合格证和安全鉴定证。

使用单位不得采购和使用无厂家名称、无产品合格证、无安全标志的劳动防护用品。

（4）劳动防护用品的使用年限应按《个体防护装备选用规范》GB/T 11651—2008 执行。劳动防护用品达到使用年限或报废标准的应由企业统一回收报废。劳动防护用品有定期检测要求的应按照其产品的检测周期进行检测。

（5）使用单位应督促、教育本单位劳动者按照安全生产规章制度和劳动防护用品使用规则及防护要求，正确佩戴和使用劳动防护用品。未按规定佩戴和使用劳动防护用品的，不得上岗作业。

（6）建筑施工企业应对危险性较大的施工作业场所及具有尘毒危害的作业环境设置安全警示标识及安全防护用品标识牌。

（7）使用单位没有按国家规定为劳动者提供必要的劳动防护用品的，按劳动部《违反〈中华人民共和国劳动法〉行政处罚办法》（劳部发［1994］532 号）有关条款处罚；构成犯罪的，由司法部门依法追究有关人员的刑事责任。

劳动防护用品除个人随身穿用的防护性用品外，还有少数公用性的防护性用品，如安全网、护罩、警告信号等防护用具。

个人劳动防护用品是指安全帽、安全带以及安全（绝缘）鞋、防护眼镜、防护手套、防尘（毒）口罩等。

施工安全防护用品（具）是指安全网、钢丝绳、工具式防护栏、灭火器材、临时供电配电箱、空气断路器、隔离开关、交流接触器、漏电保护器、标准电缆及其他劳动保护用品。

这里仅对架子工常用的安全防护用品（具）加以介绍。

1. 安全帽

对人体头部受坠落物及其他特定因素引起的伤害起防护作用的帽子称为安全帽。

（1）安全帽的防护原理

安全帽由帽壳、帽衬、下颌带和附件组成，如图 2-16 所示。

帽壳呈半球形，坚固、光滑并有一定弹性，打击物的冲击和穿刺动能主要由帽壳承受。帽壳和帽衬之间留有一定空间，可缓冲、分散瞬时冲击力，从而避免或减轻对头部的直接伤害。

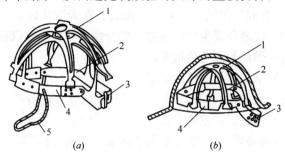

图 2-16　安全帽构造

(a) 双层顶带式；(b) 单层顶带式

1—顶带；2—帽箍；3—后枕箍带；4—吸汗带；5—下颌带

当作业人员头部受到坠落物的冲击时，利用安全帽帽壳、帽衬在瞬间先将冲击力分解到头盖骨的整个面积上，然后利用安全帽帽壳、帽衬的结构材料和所设置的缓冲结构（插口、拴绳、缝线、缓冲垫等）的弹性变形、塑性变形和允许的结构破坏将大部分冲击力吸收，使最后作用到人员头部的冲击力降低到 4900N 以下，从而起到保护作业人员的头部不受到伤害或降低伤害的作用。

安全帽的帽壳材料对安全帽整体抗击性能起重要的作用。应根据不同结构形式的帽壳选择合适的材料。我国安全帽按材质可分为：塑料安全帽、合成树脂（如玻璃钢）安全帽、胶质安全帽、竹编安全帽、铝合金安全帽等。

（2）安全帽的作用

1）安全帽是工人重要的个人安全防护用品。在现场作业中，安全帽可以承受和分散落物的冲击力，并保护或减轻由于高处坠落或头部先着地的撞击伤害，关键时刻可以挽救人的生命。

2）安全帽是直接区分工作人员性质的一种标志。在现场可以看到不同颜色的安全帽，通常，生产工人戴黄色安全帽，技术工人、特种作业人员戴蓝色安全帽，安全员戴红色安全帽，管理人员戴白色安全帽。

3）具有醒目作用。在阴天或雨天、雾天工作时，能够让人注意到你，以避免发生安全事故。安全帽的醒目程度以黄色和白色最醒目，黑色和深蓝色最差。

（3）安全帽的技术性能要求

国标《安全帽》GB 2811—2007 中对安全帽的各项性能指标均有明确技术要求。主要有：

1）质量要求：普通安全帽不超过 430g，防寒安全帽不超过 600g。

2）尺寸要求：安全帽的尺寸要求主要为帽壳内部尺寸、帽舌、帽檐、垂直间距、水平间距、佩戴高度、突出物和透气孔。

其中垂直间距和佩戴高度是安全帽的两个重要尺寸要求。

垂直间距是指安全帽在佩戴时，头顶最高点与帽壳内表面之间的轴向距离（不包括顶筋的空间）。国标要求是≤50mm。佩戴高度是指安全帽在佩戴时，帽箍底部至头顶最高点的轴向距离。国标要求是 80～90mm。垂直间距太小，直接影响安全帽的冲击吸收性能；佩戴高度太小，直接影响安全帽佩戴的稳定性。这两项要求任何一项不合格都会直接影响到安全帽的整体安全性。

3）安全性能要求：安全性能指的是安全帽防护性能，是判定安全帽产品合格与否的重要指标，包括基本技术性能要求（冲击吸收性能、耐穿刺性能和下颌带强度）和特殊技术性能要求（抗静电性能、电绝缘性能、侧向刚性、阻燃性能和耐低温性能）。《安全帽》GB 2811—2007 中明确规定了安全帽产品应达到的要求。

4）合格标志：国家对安全帽实行了生产许可证管理和安全标识管理。每顶安全帽的标识由永久标识和产品说明组成。永久标识应采用刻印、缝制、铆固标牌、模压或注塑在帽壳上。永久性标识包括：现行安全帽标准编号、制造厂名、生产日期（年、月）、产品名称、产品特殊技术性能（如果有）。产品说明包括必要的几条说明、适用和不适用场所、适用头围的大小、安全帽的报废判别条件和保持期限等共 12 项，选购时，应注意检查。目前，产品说明以耐磨不干胶的形式贴在安全帽内壁的居多，便于检查和使用。

（4）安全帽的选择

使用者在选择安全帽时，应注意选择符合国家相关管理规定、标志齐全、经检验合格的安全帽，并应检查其近期检验报告。并且要根据不同的防护目的选择不同的品种，如：带电作业场所的使用人员，应选择具有电绝缘性能并检查合格的安全帽。注意以下几点：

1）检查"三证"，即生产许可证、产品合格证、安全鉴定证。凡是在我国国内生产销售的 PPE，按规定应具备以上证书。

2）检查标识。检查永久性标识和产品说明是否齐全、准确，以及"安全防护"的盾牌标识。

3）检查产品做工。合格的产品做工较细，不会有毛边，质地均匀。

4）目测佩戴高度、垂直距离、水平距离等指标，用手感觉一下重量。

（5）安全帽的正确佩戴方法

1）按自己头围调整安全帽后箍调整带，使内衬圆周大小调节到对头部稍有约束感，将帽内弹性带系牢。用双手试着左右转动头盔，调整至基本不能转动，但不难受的程度，以不系下颌带低头时安全帽不会脱落为宜。

2）帽衬必须与帽壳连接良好，但不能紧贴，应有一定间隙，该间隙视材质情况一般为 2～4cm。缓冲衬垫的松紧由带子调节，垂直间距一般在 25～50mm 之间，至少不要小于 32mm 为好。这样才能保证当遭受到冲击时，帽体有足够的空间可供缓冲，不使颈椎受到伤害，平时也有利于头和帽体间的通风。

3）佩戴安全帽必须系好下颌带。下颌带必须紧贴下颌，松紧要适度，以下颌有约束感，但不难受为宜。

4）佩戴时一定要将安全帽戴正、戴牢，不能晃动。

5）女生佩戴安全帽应将头发放进帽衬。

6）冬季佩戴安全帽，应将安全帽戴于大衣棉帽内，且必须将帽带系在颌下并系紧。

（6）使用与保管注意事项

安全帽的佩戴要符合标准，使用要符合规定。如果佩戴和使用不正确，就起不到充分的防护作用。一般应注意下列事项：

1）凡进入施工现场的所有人员，都必须正确佩戴安全帽。作业中不得将安全帽脱下；在施工现场或其他任何地点，不得将安全帽作为坐垫使用。

2）佩戴安全帽前，应检查安全帽各配件有无损坏，装配是否牢固，外观是否完好，帽衬调节部分是否卡紧，绳带是否系紧等，确信各部件齐全完好后方可使用。

3）使用者不能随意调节帽衬的尺寸，不能随意在安全帽上拆卸或添加附件，不能私自在安全帽上打孔，不要随意碰撞安全帽，不要将安全帽当板凳坐，以免影响其原有的防护性能。

4）经受过一次冲击或做过试验的安全帽应作废，不能再次使用。

5）安全帽不能在有酸、碱或化学试剂污染的环境中存放，不能放置在高温、日晒或潮湿的场所中，以免其老化变质。

6）要定期检查安全帽，检查有没有龟裂、下凹、裂痕和磨损等情况，如存在影响其性能的明显缺陷就及时报废。

7）严格执行有关安全帽使用期限的规定，不得使用报废的安全帽。植物枝条编织的安全帽有效期为 2 年，塑料安全帽的有效期限为 2 年半，玻璃钢（包括维纶钢）和胶质安全帽的有效期限为 3 年半。超过有效期的安全帽应报废。

2. 安全带

安全带是防止高处作业人员发生坠落或发生坠落后将作业人

员安全悬挂的个体防护装备。由带子、绳子和各种零部件组成。

（1）安全带的分类与标记

安全带按作业类别分为围杆作业安全带、区域限制安全带和坠落悬挂安全带三类。

安全带的标记由作业类别、产品性能两部分组成。

作业类别：以字母 W 代表围杆作业安全带、以字母 Q 代表区域限制安全带、以字母 Z 代表坠落悬挂安全带。

产品性能：以字母 Y 代表一般性能、以字母 J 代表抗静电性能、以字母 R 代表抗阻燃性能、以字母 F 代表抗腐蚀性能、以字母 T 代表适合特殊环境（各性能可组合）。

示例：围杆作业、一般安全带表示为"W-Y"；区域限制、抗静电、抗腐蚀安全带表示为"Q-JF"。

（2）安全带的一般技术要求

安全带不应使用回料或再生料，使用皮革不应有接缝。安全带与身体接触的一面不应有突出物，结构应平滑。腋下、大腿内侧不应有绳、带以外的物品，不应有任何部件压迫喉部、外生殖器。坠落悬挂安全带的安全绳同主带的连接点应固定于佩戴者的后背、后腰或胸前，不应位于腋下、腰侧或腹部，并应带有一个足以装下连接器及安全绳的口袋。

主带应是整根，不能有接头。宽度不应小于 40mm。辅带宽度不应小于 20mm。主带扎紧扣应可靠，不能意外开启。

腰带应和护腰带同时使用。护腰带整体硬挺度不应小于腰带的硬挺度，宽度不应小于 80mm，长度不应小于 600mm，接触腰的一面应有柔软、吸汗、透气的材料。

安全绳（包括未展开的缓冲器）有效长度不应大于 2m，有两根安全绳（包括未展开的缓冲器）的安全带，其单根有效长度不应大于 1.2m。禁止将安全绳用做悬吊绳。悬吊绳与安全绳禁止共用连接器。

用于焊接、炉前、高粉尘浓度、强烈摩擦、割伤危害、静电危害、化学品伤害等场所的安全绳应加相应护套。使用的材料不应同绳的材料产生化学反应，应尽可能透明。

织带折头连接应使用线缝，不应使用铆钉、胶粘、热合等工艺。缝纫线应采用与织带无化学反应的材料，颜色与织带应有区别。织带折头缝纫前及绳头编花前应经燎烫处理，不应留有散丝。不得之后燎烫。

绳、织带和钢丝绳形成的环眼内应有塑料或金属支架。钢丝绳的端头在形成环眼前应使用铜焊或加金属帽（套）将散头收拢。

所有绳在构造上和使用过程中不应打结。每个可拍（飘）动的带头应有相应的带箍。

所有零部件应顺滑，无材料或制造缺陷，无尖角或锋利边缘。8 字环、品字环不应有尖角、倒角，几何面之间应采用 R4以上圆角过渡。调节扣不应划伤带子，可以使用滚花的零部件。

金属零件应浸塑或电镀以防锈蚀。金属环类零件不应使用焊接件，不应留有开口。在爆炸危险场所使用的安全带，应对其金属件进行防爆处理。

连接器的活门应有保险功能，应在两个明确的动作下才能打开。

旧产品应按《安全带测试方法》GB/T 6096－2009 中 4.2规定的方法进行静态负荷测试，当主带或安全绳的破坏负荷低于15kN 时，该批安全带应报废或更换相应部件。

（3）安全带的标识

安全带的标识由永久标识和产品说明组成。永久性标志应缝制在主带上，内容包括：产品名称、执行标准号、产品类别、制造厂名、生产日期（年、月）、伸展长度、产品的特殊技术性能（如果有）、可更换的零部件标识应符合相应标准的规定。

可以更换的系带应有下列永久标记：产品名称及型号、相应标准号、产品类别、制造厂名、生产日期（年、月）。

每条安全带应配有一份产品说明书，随安全带到达佩戴者手中。内容包括：安全带的适用和不适用对象，整体报废或更换零部件的条件或要求，清洁、维护、贮存的方法，穿戴方法，日常检查的方法和部位，首次破坏负荷测试时间及以后的检查频次，安全带同挂点装置的连接方法等共13项。

（4）安全带的选择

选购安全带时，应注意选择符合国家相关管理规定、标志齐全、经检验合格的产品。

1）根据使用场所条件确定型号。

2）检查"三证"，即生产许可证、产品合格证、安全鉴定证。凡是在我国国内生产销售的 PPE，按规定应具备以上证书。

3）检查特种劳动防护用品标志标识，检查安全标志证书和安全标志标识。

4）检查产品的外观、做工，合格的产品做工较细，带子和绳子不应留有散丝。

5）细节检查，检查金属配件上是否有制造厂的代号，安全带的带体上是否有永久性标识，合格证和检验证明，产品说明是否齐全、准确。合格证是否注明产品名称、生产年月、拉力试验、冲击试验、制造厂名、检验员姓名等情况。

（5）安全带的使用和维护

安全带的使用和维护有以下几点要求：

1）为了防止作业者在某个高度和位置上可能出现的坠落，作业者在登高和高处作业时，必须按规定要求佩戴安全带。

2）在使用安全带前，应检查安全带的部件是否完整，有无损伤，绳带有无变质，卡环是否有裂纹，卡簧弹跳性是否良好。金属配件的各种环不得是焊接件，边缘光滑，产品上应有"安鉴证"。

3）使用时要高挂低用。要拴挂在牢固的构件或物体上，防止摆动或碰撞，绳子不能打结，钩子要挂在连接环上。当发现有异常时要立即更换，换新绳时要加绳套。

4）高处作业如安全带无固定挂处，应采用适当强度的钢丝绳或采取其他方法。禁止把安全带挂在移动或带尖锐棱角或不牢固的物件上。

5）安全带、绳保护套要保持完好，不允许在地面上随意拖着绳走，以免损伤绳套，影响主绳。若发现保护套损坏或脱落，必须加上新套后再使用。

6）安全带严禁擅自接长使用。使用 3m 及以上的长绳必须要加缓冲器，各部件不得任意拆除。

7）安全带在使用后，要注意维护和保管。要经常检查安全带缝制部分和挂钩部分，必须详细检查捻线是否发生裂断和残损等。

8）安全带不使用时要妥善保管，不可接触高温、明火、强酸、强碱或尖锐物体。不要存放在潮湿的仓库中保管。

9）安全带在使用两年后应抽验一次，使用频繁的绳要经常进行外观检查，发现异常必须立即更换。定期或抽样试验用过的安全带，不准再继续使用。

3. 安全网

用来防止人、物坠落，或用来避免、减轻坠落及物击伤害的网具，称为安全网。

（1）安全网的分类标记

安全网按功能分为安全平网、安全立网及密目式安全立网。现行的《安全网》GB 5725—2009 将原来的《密目式安全立网》与《安全网》合二为一。

1）平（立）网的分类标记由产品材料、产品分类及产品规格尺寸三部分组成。产品分类以字母 P 代表平网、字母 L 代表立网；产品规格尺寸以宽度×长度表示，单位为米；阻燃型网应在分类标记后加注"阻燃"字样。例如：宽度为 3m，长度为 6m，材料为锦纶的平网表示为：锦纶 P—3×6；宽度为 1.5m，长度为 6m，材料为维纶的阻燃型立网表示为：维纶 L—1.5×6阻燃。

2）密目网的分类标记由产品分类、产品规格尺寸和产品级别三部分组成。产品分类以字母 ML 代表密目网；产品规格尺寸以宽度×长度表示，单位为米；产品级别分为 A 级和 B 级。

例如：宽度为 1.8m，长度为 10m 的 A 级密目网表示为"ML—1.8×10A 级"。

（2）安全网的技术要求

1）平网宽度不应小于 3m，立网宽（高）度不应小于 1.2m。平（立）网的规格尺寸与其标称规格尺寸的允许偏差为±4%。平（立）网的网目形状应为菱形或方形，边长不应大于 8cm。

2）单张平（立）网质量不宜超过 15kg。

3）平（立）网可采用锦纶、维纶、涤纶或其他材料制成，所有节点应固定。其物理性能、耐候性应符合《安全网》GB 5725—2009 的相关规定。

4）平（立）网上所用的网绳、边绳、系绳、筋绳均应由不小于 3 股单绳制成。绳头部分应经过编花、燎烫等处理，不应散开。

5）平（立）网的系绳与网体应牢固连接，各系绳沿网边均匀分布，相邻两根系绳间距不应大于 75cm，系绳长度不小于 80cm。平（立）网如有筋绳，则筋绳分布应合理，两根相邻筋绳的距离不应小于 30cm。当筋绳、系绳合一使用时，系绳部分必须加长，且与边绳系紧后，再折回边绳系紧，至少形成双根。

6）平（立）网的绳断裂强力应符合《安全网》GB 5725 的规定。

7）密目网的宽度应介于 1.2～2m。长度由合同双方协议条款指定，但最低不应小于 2m。网眼孔径不应大于 12mm。网目、网宽度的允许偏差为±5%。相邻两根系绳间距不得大于 0.45m。

8）密目网各边缘部位的开眼环扣应牢固可靠。开眼环扣孔径不应小于 8mm。

9）网体上不应有断纱、破洞、变形及有碍使用的编织缺陷。缝线不应有跳针、漏缝，缝边应均匀。

10）每张密目网允许有一个接缝，接缝部位应端正牢固。

（3）安全网的标识

安全网的标识由永久标识和产品说明书组成。

1）安全网的永久标识包括：执行标准号、产品合格证、产品名称及分类标记、制造商名称、地址、生产日期、其他国家有关法律法规所规定必须具备的标记或标志。

2）制造商应在产品的最小包装内提供产品说明书，应包括但不限于以下内容：

平（立）网的产品说明：平（立）网安装、使用及拆除的注意事项，储存、维护及检查，使用期限，在何种情况下应停止使用。

密目网的产品说明：密目网的适用和不适用场所，使用期限，整体报废条件或要求，清洁、维护、储存的方法，拴挂方法，日常检查的方法和部位，使用注意事项，警示"不得作为平网使用"，警示"B级产品必须配合立网或护栏使用才能起到坠落防护作用"以及本品为合格品的声明。

（4）安全网的架设要求

1）平网架设

支撑杆应有足够的强度和刚度，间距不得大于4m，同时系网处无尖锐边缘。

根据负载高度选择平网的架设宽度。架设平网应外高里低与平面成15°角，网片不宜绷得过紧（便于能量吸收），网片系绳连接牢固不留空隙。《建筑施工安全检查标准》JGJ 59—2011取消了平网在落地式脚手架外围的使用，改为立网全封闭。立网应该使用密目式安全网。

①首层网：当砌墙高度达3.2m时应架首层网。首层网架设的宽度，视建筑的防护高度和脚手架型式而定。首层网在建筑工程主体及装修和整修施工期间不能拆除。

无外脚手架或采用单排外脚手架、悬挑式脚手架和工具式脚手架时，凡高度在4m以上的建筑物，首层四周必须支固定3m宽的水平安全网（20m以上的建筑物搭设6m宽双层安全网），网底距下方物体表面不得小于3m（20m以上的建筑物不得小于5m）。安全网下方不得堆物品。

②随层网：随施工作业层逐层上升搭设的安全网称为随层网。当大型工具不足时，也可在脚手板下架设一道随层平网，作为防护层。立网全封闭时，可不搭设随层网，但作业层脚手板要满铺，加强防护。

③层间网：在首层网与随层网之间搭设的固定安全网称为层间网。自首层开始，每隔10m架设一道3m宽的水平安全网。安全网的外边沿要明显高于内边沿50～60cm。立网全封闭时，可不搭设层间网。

2）立网架设

立网应架设在防护栏杆上，上部高出作业面不小于1m。立网距作业面边缘处，最大间隙不得超过10cm。立网的下部应封闭牢靠。小眼立网和密目安全网都属于立网，视不同要求采用。

3）20m以上建筑施工的安全网一律用组合钢管角架挑支，用钢丝绳绷拉，其外沿要高于内口，并尽量绷直，内口要与建筑物锁牢。

4）搭设好的水平安全网在承受100kg重、表面积2800cm^{2}的砂袋假人，从10m高处的冲击后，网绳、系绳、边绳不断。

5）扣件式钢管外脚手架，必须立挂密目安全网，沿外架子内侧进行封闭，安全网之间必须连接牢固，并与架体固定。

6）悬挑式脚手架和工具式脚手架必须立挂密目安全网，沿外排架子内侧进行封闭，并按标准搭设水平安全网防护。

7）在施工程的电梯井、采光井、螺旋式楼梯口，除必须设金属可开启式安全防护门外，还应在井口内首层并最多每隔10m固定一道水平安全网。

（5）安全网的使用和维护

安全网的使用和维护有以下几点要求：

1）新网必须有产品检验合格证；旧网应在外观检查合格的情况下，进行抽样检验，符合要求时方准使用。立网不能代替平网使用。

2）施工过程中，对安全网及支撑系统，应定期进行检查、整理、维修。检查支撑系统杆件、间距、结点以及封挂安全网用的钢丝绳的松紧度，检查安全网片之间的连接、网内杂物、网绳磨损以及电焊作业等损伤情况。

支撑架不得出现严重变形和磨损。其连接部位不得有松脱现象。网与网之间及网与支撑架之间的连接点亦不允许出现松脱。所有绑拉的绳都不能使其受严重的磨损或有变形。

3）安全网的检查内容包括：网内不得存留建筑垃圾，网下不能堆积物品，网身不能出现严重变形和磨损，以及是否会受化学品与酸、碱烟雾的污染及电焊火花的烧灼等。若有破损、老化应及时更换。

4）网内的坠落物要经常清理，保持网体洁净。还要避免大量焊接或其他火星落入网内，并避免高温或蒸汽环境。当网体受到化学品的污染或网绳嵌入粗砂粒或其他可能引起磨损的异物时，应须进行清洗，洗后便让其自然干燥。

5）对施工期较长的工程，安全网应每隔 3 个月按批号对其试验绳进行强力试验一次；每年抽样安全网，做一次冲击试验。

6）拆除安全网时，必须待所防护区域内无坠落可能的作业时，方可进行。拆除安全网应自上而下依次进行。拆除过程中要由专人监护。作业人员系好安全带，同时应注意网内杂物的清理。

7）拆除下来的安全网，由专人做全面检查，确认合格的产品，签发合格使用证书方准入库。

8）安全网在搬运中不可使用铁钩或带尖刺的工具，以防损伤网绳。

9）安全网应由专人保管发放。如暂不使用，应存放在干燥通风、避光、隔热、防潮、无化学品污染的仓库或专用场所，并将其分类、分批编号存放在架子上，不允许随意乱堆。在存放过程中，亦要求对网体做定期检验，发现问题，立即处理，以确保安全。

10）如安全网的贮存期超过两年，应按 0.2% 抽样，不足

1000 张时抽样 2 张进行耐冲击性能测试，测试合格后方可使用。

（五）脚手架的安全管理

1. 脚手架施工安全基本要求

脚手架搭设和使用，必须严格执行有关的安全技术规范。

（1）有关脚手架施工的安全管理规定

1）脚手架搭设或拆除人员必须由符合安监总局的《特种作业人员安全技术培训考核管理规定》，经培训考核合格，取得《特种作业人员操作证》的专业架子工担任。上岗人员应定期进行体检，凡患有高血压、心脏病、贫血病、癫痫病及不适合高处作业者不得上脚手架操作。饮酒后禁止作业。

2）架子工作业要正确使用个人劳动防护用品。搭拆脚手架时，操作人员必须戴安全帽、系安全带、穿软底防滑鞋，作业衣着要灵便。

3）不论搭设哪一种类型的脚手架，所用材料和加工质量必须符合规定要求，严禁使用不合格材料搭设脚手架，以防发生意外事故。

4）脚手架和模板支撑架的搭拆必须制定施工方案和安全技术措施，对操作人员进行安全技术交底。属于危险性较大的分部分项工程范围的脚手架，必须编制安全专项施工方案，报上级审批，经施工单位技术负责人签字，报监理单位由项目总监理工程师审核签字后才能严格按专项方案搭设。

5）脚手架搭设安装前应由施工负责人及技术、安全等有关人员先对基础等架体承重部位共同进行验收；搭设安装后应进行分段验收，合格后方可使用。特殊脚手架须由企业技术部门会同安全、施工管理部门验收合格后方可使用。验收要定量与定性相结合，验收合格后应在脚手架上悬挂合格牌，且在脚手架上明示使用单位、监护管理单位和责任人。施工阶段转换时，对脚手架重新实施验收手续。

未搭设完的脚手架，非架子工一律不准上架。

6）必须按脚手架安全技术操作规程搭设。

7）搭拆脚手架时，地面应设围栏和警戒标志，排除作业障碍，并派专人指挥、看守，严禁非操作人员入内。

8）严禁任意在脚手架基础及其邻近处进行挖掘作业，否则应采取安全措施，报主管部门批准。

（2）脚手架搭设作业的一般安全技术要求

1）脚手架搭设前应清除障碍物、平整场地、夯实基土、做好排水。以保证地基具有足够的承载能力，避免脚手架整体或局部沉降失稳。

2）脚手架基础必须按专项施工方案和安全技术措施交底的要求进行施工，按基础承载力要求进行验收。合格后，应按专项方案的设计进行放线定位。

3）垫板宜采用长度不少于 2 跨、厚度不小于 50mm、宽度不小于 200mm 的木垫板。底座、垫板均应准确地放置在定位线上。底座的轴心线应与地面垂直。

4）脚手架搭设作业时，应按形成基本构架单元的要求逐排、逐跨和逐步地进行搭设。矩形周边脚手架宜从其中的一个角部开始向两个方向延伸搭设，确保已搭部分稳定。

5）架上作业人员应佩戴工具袋，工具用后装于袋中，不要放在架子上，以免掉落伤人。应做好分工和配合，不要用力过猛，以免引起人身或杆件失衡。

6）架设材料要随上随用，以免放置不当时掉落，可能发生伤人事故。

7）在搭设作业进行中，地面上的配合人员应避开可能落物的区域。

8）脚手架必须配合施工进度搭设，一次搭设高度不应超过相邻连墙件以上两步。每搭完一步脚手架后，应按规定校正步距、纵距、横距及立杆的垂直度。

9）搭设时，必须按规定剪刀撑和支撑。

10）连墙件必须随架子搭设及时在规定位置处设置，严禁滞后设置或搭设完毕后补做并严禁任意拆除。

11）搭设时，脚手架必须有供作业人员上下的斜道或阶梯，严禁攀爬脚手架。

12）脚手板铺设于架子的作业层上。必须满铺、铺严、铺稳，不得有探头板和飞跳板。

13）脚手架操作层外侧周边应设置 180mm 高挡脚板和两道护身栏杆，上道栏杆高度应为 1.2m，下道栏杆应居中设置。挡脚板应与立杆固定，并有一定的机械强度。挡脚板和栏杆均应设置在立杆的内侧。架体外围应用密目式安全网全封闭。密目式安全网宜设置在脚手架外立杆的内侧，并与架体绑扎牢固。

14）临街搭设或其下有人行通道的脚手架，必须采取专门的封闭和可靠的防护措施，以防坠物伤人。

15）在脚手架上进行电、气焊作业时，应有防火措施和专人看守。

16）工地临时用电线路架设及脚手架的接地、避雷措施，脚手架与架空输电线路的水平与垂直安全距离等应按现行行业标准《施工现场临时用电安全技术规范》JGJ 46 的有关规定执行。钢管脚手架上安装照明灯时，电线不得接触脚手架，并要做绝缘处理。

17）当有六级及六级以上强风、浓雾、雨或雪天气时应停止脚手架搭设与拆除作业。雨、雪后上架作业应有防滑措施，并应扫除积雪。

18）脚手架搭设完毕或分段搭设完毕必须进行验收检查，合格签字后，交付使用。

（3）脚手架拆除作业的一般安全技术要求

脚手架拆除作业的安全防护要求与搭设作业时的安全防护要求相同。

1）脚手架拆除作业的危险性大于搭设作业，应按专项方案施工。在进行拆除工作之前，必须做好准备工作：

① 当工程施工完成后，必须经单位工程负责人检查验证，确认脚手架不再需要后，方可拆除。脚手架拆除必须由施工现场技术负责人下达正式通知。

② 全面检查脚手架架体是否安全。即扣件连接、连墙件、支撑体系等是否符合构造要求。

③ 应根据检查结果补充完善脚手架专项方案中的拆除顺序和措施，经审批后方可实施。

④ 拆除前应向操作人员进行安全技术交底。

⑤ 拆除前应清除脚手架上的材料、工具和杂物，清理地面障碍物。

2）拆除脚手架现场应设置安全警戒区域和警告牌，并由专职人员负责监护，严禁非施工作业人员进入拆除作业区内。拆除大片架子应加临时围栏。作业区内电线及其他设备有妨碍时，应事先与有关部门联系拆除、转移或加防护。

3）脚手架拆除程序，应由上到下逐层按步地拆除。拆除顺序与搭设顺序相反，后搭的先拆，先搭的后拆，严禁上下同时进行拆除作业。同一层内的杆配件和加固杆件必须按先上后下、先外后内的顺序进行拆除。先拆护身栏、脚手板和横向水平杆，再依次拆剪刀撑的上部扣件和接杆。最后是纵向水平杆和立杆。拆除全部剪刀撑以前，必须搭设临时加固斜支撑，预防架子倾倒。连墙杆应随拆除进度逐层拆除，严禁先将连墙杆整层或数层拆除后再拆脚手架。分段拆除高差大于两步时，应增设连墙件加固。

4）拆除时应设专人指挥，分工明确、统一行动、上下呼应、动作协调。当解开与另一人有关的结扣时，应先通知对方，以防坠落。

5）拆卸下来的钢管、门架与各构配件应防止碰撞，严禁抛掷至地面。可采用起重设备吊运或人工传送至地面。

6）大片架子拆除后所预留的斜道、上料平台、通道等，应在大片架子拆除前先进行加固，以便拆除后确保其完整、安全和稳定。

7）拆除时严禁撞碰附近电源线，以防事故发生。不能撞碰门窗、玻璃、水落管、房檐瓦片、地下明沟等。

8）在拆架过程中，不能中途换人，如必须换人时，应将拆除情况交代清楚后方可离开。

9）拆除门架的顺序，应从一端向另一端，自上而下逐层地进行。同一层的构配件和加固杆件必须按照先上后下、先外后内的顺序进行拆除。最后拆除连墙件。拆除的工人必须站在临时设置的脚手板上进行拆卸作业。拆除连接部件时，应先将止退装置旋转至开启位置，然后拆除，不得硬拉，严禁敲击。严禁使用手锤等硬物击打、撬别。连墙件、通长水平杆和剪刀撑等必须在脚手架拆除到相关门架时，方可拆除。

10）运至地面的钢管、门架与各构配件应按规定及时检查、整修与保养，按品种、规格分类存放，以便于运输、维护和保管。

2. 脚手架搭设的施工准备

（1）编制施工方案并进行安全技术交底

在架子搭设前要由技术部门根据施工要求和现场情况以及建筑物的结构特点等诸多因素编制方案，方案内容包括架子构造、负荷计算、安全要求等，方案要经审批后方能生效。

工程的施工负责人应按工程的施工组织设计和脚手架施工方案的有关要求，向施工人员和使用人员进行技术交底。通过技术交底，应了解以下主要内容：

1）工程概况，待建工程的面积、层数、建筑物总高度、建筑结构类型等；

2）选用的脚手架类型、形式，脚手架的搭投高度、宽度、步距、跨距及连墙杆的布置等；

3）施工现场的地基处理情况；

4）根据工程综合进度计划，了解脚手架施工的方法和安排、工序的搭接、工种的配合等情况；

5）明确脚手架的质量标准、要求及安全技术措施。

（2）脚手架的地基处理

落地脚手架须有稳定的基础支承，以免发生过量沉降，特别是不均匀的沉降，引起脚手架倒塌。对脚手架的地基要求：

1）脚手架地基应平整夯实。

2）脚手架的立杆不能直接立于土地面上，应加设底座和垫板。底座或垫板应准确地放在定位线上，垫板宜采用长度不少于两垮，厚度不小于50mm的木垫板，也可采用槽钢。

3）遇有坑槽时，立杆应下到槽底或在槽上加设底梁（一般可用枕木或型钢梁，并经强度计算）。

4）地基应有可靠的排水措施，防止积水浸泡地基。

5）脚手架旁有开挖的沟槽时，应控制外立杆距沟槽边的距离：当架高在30m以内时，应不小于1.5m；架高为30～50m时，不小于2.0m；架高在50m以上时，不小于2.5m。当不能满足上述距离时，应核算土坡承受脚手架的能力，不足时可加设挡土墙或其他可靠支护，避免槽壁坍塌危及脚手架安全。

6）位于通道处的脚手架底部垫木（板）应低于其两侧地面，并在其上加设盖板，避免扰动。

（3）脚手架的放线定位、垫块的放置

根据脚手架立柱的位置，进行放线。脚手架的立柱不能直接立在地面上，立柱下应加设底座或垫块，具体做法如下：

1）普通脚手架：垫块宜采用长2.0～2.5m，宽不小于200mm，厚50～60mm的木板，垂直或平行于墙横放置，在外侧挖一浅排水沟（图2-17）。

2）高层建筑脚手架：在夯实的地基上加铺混凝土层，其上沿纵向铺放槽钢，将脚手架立杆底座置于槽钢上（图2-18）。

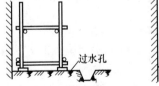

图2-17 普通脚手架的基底

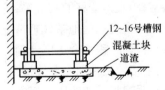

图2-18 高层脚手架基底

（4）材料准备

1）按脚手架专项施工方案的要求和相应规范的规定对脚手架的杆（构）配件等进行检查验收，不合格产品不得使用。

2）经检（复）验合格的杆（构）配件应按品种、规格分类，堆放整齐、平稳，堆放场地不得有积水。

3. 检查与验收

（1）脚手架的杆配件必须进行检验，合格后方准使用。进入现场的各构配件应具备以下证明资料：

1）主要构配件应有产品标识、产品质量合格证及质量检验报告。

2）碗扣构配件供应商应配套提供管材、零件、铸件、冲压件等材质、产品性能检验报告。

3）扣件还应有生产许可证、法定检测单位的测试报告。

（2）构配件进场质量检查的重点：

1）各构配件按照相关规定进行外观质量检查。

2）钢管等杆件的壁厚、外径、断面，焊接质量。

3）碗扣脚手架可调底座和可调托撑丝杆直径、与螺母配合间隙及材质。

4）门架与配件应涂防锈漆或镀锌。钢管应涂防锈漆。

5）扣件在使用前应逐个挑选，有裂缝、变形、螺栓出现滑丝的严禁使用。

6）可调托撑支托板厚不应小于5mm，变形不应大于1mm。

（3）在脚手架、满堂脚手架和模板支撑架使用过程中，应定期对脚手架及其地基基础进行检查和维护。特别是下列情况下，必须进行检查：

1）基础完工后及脚手架搭设前；

2）作业层上施加荷载前；

3）遇大雨、大雪和六级及以上大风后施工前；

4）寒冷地区解冻后；

5）停用时间超过一个月恢复使用前；

6）如发现倾斜、下沉、松扣、崩扣等现象要及时修理；

7）达到设计高度后。

（4）脚手架搭设质量应按阶段进行检查与验收，检验合格后方可继续搭设。

1）扣件式脚手架每搭设 6~8m 高度后。

2）碗扣式脚手架首段高度达到 6m 时，应进行检查与验收；架体随施工进度升高按结构层进行检查；架体高度大于 24m 时，在 24m 处或设计高度 1/2 处及达到设计高度后，进行全面检查与验收。

3）门式脚手架每搭设 2 个楼层高度；满堂脚手架、模板支架每搭设 4 步高度。

（5）碗扣式双排脚手架应重点检查以下内容：

1）保证架体几何不变性的斜杆、连墙件等设置情况。

2）基础的沉降，立杆底座与基础面的接触情况。

3）上碗扣锁紧情况。

4）立杆连接销的安装、斜杆扣接点、扣件拧紧程度。

（6）脚手架使用过程中，应定期检查下列内容：

1）杆件的设置和连接，连墙件、支撑、门洞桁架等的构造应符合规范和专项施工方案的要求。

2）地基应无积水，底座应无松动，立杆应无悬空。

3）锁臂、挂扣件、扣件螺栓应无松动。

4）高度在 24m 以上的扣件式双排、满堂脚手架，高度在 20m 以上的扣件式满堂支撑架，其立杆的沉降与垂直度偏差应符合规范规定。

5）安全防护措施应符合规范要求。

6）应无超载使用。

（7）脚手架、满堂脚手架和模板支撑架验收时，应具备下列技术文件：

1）脚手架专项施工方案及变更文件；

2）安全技术交底文件；

3）构配件出厂合格证、质量检验记录；

4）周转使用的脚手架构配件使用前的复验合格记录；

5）脚手架搭设的施工记录和阶段质量安全检查记录；

6）脚手架搭设过程中出现的重要问题及处理记录；

7）脚手架工程的施工验收报告。

8）脚手架搭设的技术要求、允许偏差与检验方法应符合各自脚手架的规定。

9）满堂脚手架和模板支撑架在施加荷载或浇筑混凝土时，应设专人全过程监督。发现异常情况应及时处理。

4. 脚手架工程应形成的安全管理内业资料

（1）已审批的施工组织设计或专项施工方案、方案变更记录；

（2）在用脚手架材料、构配件质量的有效证明资料及验收记录；

（3）安全施工技术交底记录；

（4）上岗作业人员（架子工）的有效上岗证件；

（5）脚手架的安全检查与维护记录；

（6）脚手架合格验收记录；

（7）脚手架的拆除记录。

三、落地扣件式钢管外脚手架

落地扣件式外脚手架是指沿建筑物外侧从地面搭设的扣件式钢管脚手架，随建筑结构的施工进度而逐层增高。落地扣件式钢管脚手架是应用最广泛的脚手架之一。

落地式钢管外脚手架的优点：架子稳定，作业条件好；既可用于结构施工，又可用于装修工程施工；便于做好安全围护。

落地扣件式钢管外脚手架的缺点：材料用量大，周转慢；搭设高度受限制；较费人工。

扣件式钢管脚手架由钢管和扣件组成，这种脚手架的特点是：装拆简便，搭设灵活，搬运方便，通用性强，能适应建筑平面、立面的变化。既可搭脚手架，又可搭模板支撑架。

落地扣件式钢管外脚手架分普通脚手架和高层建筑脚手架。搭设高度在 24m 以下的脚手架为普通脚手架；高度在 24m 以上的脚手架是高层建筑脚手架。最大不超过 50m。

（一）杆配件的材质规格

扣件式钢管脚手架的杆、配件主要有钢管杆件、扣件、底座、脚手板等。

1. 钢管

脚手架钢管应采用现行国家标准《直缝电焊钢管》GB/T 13793 或《低压流体输送用焊接钢管》GB/T 3091 中规定的 Q235 普通钢管；钢管的钢材质量应符合现行国家标准《碳素结构钢》GB/T 700 中 Q235 级钢的规定。

脚手架钢管，应采用外径为 48.3mm，壁厚为 3.6mm 的钢管。对搭设脚手架的钢管要求：

（1）为便于脚手架的搭拆，确保施工安全和运转方便，每根钢管的重量应控制在 25.8kg 之内；横向水平杆所用钢管的最大长度不得超过 2.2m，一般为 1.8～2.3m；其他杆件所用钢管的最大长度不得超过 6.5m，一般为 4～6.5m。

（2）搭设脚手架的钢管，必须进行防锈处理。

对新购进的钢管应先进行除锈，钢管内壁刷涂两道防锈漆，外壁刷涂防锈漆一道、面漆两道。

对旧钢管的锈蚀检查应每年一次。检查时，在锈蚀严重的钢管中抽取三根，在每根钢管的锈蚀严重部位横向截断取样检查。经检验符合要求的钢管，应进行除锈，并刷涂防锈漆和面漆，不合格的严禁使用。

（3）严禁在钢管上打孔。

2. 扣件

扣件式钢管脚手架的扣件用于钢管杆件之间的连接，其基本形式有三种：直角扣件、旋转扣件和对接扣件，如图 2-1 所示。

直角扣件可用来连接两根垂直相交的杆件（如立杆与纵向水平杆）。

旋转扣件可用来连接两根成任意角度相交的杆件（如立杆与剪刀撑）。

对接扣件用于两根杆件的对接，如立杆、纵向水平杆的接长。

扣件式钢管脚手架应采用可锻铸铁或铸钢制作的扣件，因其已有国家产品标准和专业检测单位，产品质量较易控制和管理。其材质应符合现行国家标准《钢管脚手架扣件》GB 15831 的规定；采用其他材料制作的扣件，应经实验证明其质量符合该标准的规定后方可使用。

脚手架采用的扣件，在螺栓拧紧扭力矩达 65N·m 时，不得发生破坏。

对新采购的扣件应按表 3-1 所列项目逐项进行检验。

项次	检查项目	验 收 要 求
1	生产许可证、产品质量合格证	必须具备
2	法定检测单位的质量检测报告、复试报告	必须具备。当对扣件质量有怀疑时，应按现行国家标准《钢管脚手架扣件》GB 15831 的规定抽样检测
3	扣件表面质量	不得有裂纹、气孔、变形；不宜有疏松、砂眼或其他影响使用性能的铸造缺陷，铸件表面无粘砂、毛刺，与钢管接触部位不应有氧化皮
4	螺栓	(1) 材质应符合《碳素结构钢》GB/T 700Q235 级钢的有关规定； (2) 螺纹应符合《普通螺纹　基本尺寸》GB/T 196 的规定； (3) 不得滑丝
5	防锈处理	表面应涂防锈漆和面漆
6	扣件性能	(1) 与钢管的贴合面必须严格整形，应保证与钢管扣紧时接触良好； (2) 当扣件夹紧钢管时其开口处的最大距离应小于 5mm； (3) 扣件活动部位应转动灵活，旋转扣件的两旋转面间隙应小于 1.0mm

旧扣件在使用前应进行质量检查，并进行防锈处理。有裂缝、变形的严禁使用，出现滑丝的螺栓必须更换。

3. 底座

可锻铸铁制造的标准底座其材质和加工质量要求与可锻铸铁扣件相同。

焊接底座采用 Q235A 钢，焊条应采用 E43 型，如图 2-2 所示。

4. 脚手板

脚手板铺设在脚手架的施工作业面上，以便施工人员工作和临时堆放零星施工材料。

常用的脚手板有：冲压钢板脚手板、木脚手板和竹脚手板等，施工时可根据各地区的材源就地取材选用。每块脚手板的重量不宜大于30kg。

冲压钢脚手板用厚1.5～2.0mm钢板冷加工而成，其形式、构造和外形尺寸如图2-3所示，板面上冲有梅花形翻边防滑圆孔。冲压钢脚手板的材质应符合现行国家标准《碳素结构钢》GB/T 700中Q235级钢的规定，其质量与尺寸允许偏差应符合规定，并有防滑措施。新、旧脚手板均应涂防锈漆。钢脚手板的连接方式有挂钩式、插孔式和U形卡式，如图2-4所示。

木脚手板应采用杉木或松木制作，其材质应符合现行国家标准《木结构设计规范》GB 50005中Ⅱa级材质的规定，脚手板厚度不应小于50mm，两端应各设直径不小于4mm的镀锌钢丝箍两道。

竹脚手板宜采用由毛竹或楠竹制作的竹串片板、竹笆板。竹串片脚手板应符合现行行业标准《建筑施工木脚手架安全技术规范》JGJ 164—2008的相关规定。

5. 可调托撑

（1）可调托撑螺杆外径不得小于36mm，直径与螺距应符合现行国家标准《梯形螺纹 第2部分：直径与螺距系列》GB/T5796.2和《梯形螺纹 第3部分：基本尺寸》GB/T5796.3的规定。

（2）可调托撑的螺杆与支托板焊接应牢固，焊缝高度不得小于6mm；可调托撑螺杆与螺母旋合长度不得少于5扣，螺母厚度不得小于30mm，如图3-1所示。

（3）可调托撑抗压承载力设计值不应小于40kN，支托板厚不应小于5mm。

上托　　　　　　下托

图3-1　可调托撑

6. 悬挑脚手架用型钢

悬挑脚手架用型钢的材质应符合现行国家标准《碳素结构钢》GB/T 700 或《低合金高强度结构钢》GB/T 1591 的规定。

用于固定型钢悬挑梁的 U 形钢筋拉环或锚固螺栓材质应符合现行国家标准《钢筋混凝土用钢 第 1 部分：热轧光圆钢筋》GB 1499.1 中 HPB 235 级钢筋的规定。

（二）落地扣件式钢管脚手架的构造

1. 构造和组成

扣件式钢管脚手架，由立杆、纵向水平杆（大横杆）、横向水平杆（小横杆）、剪刀撑、横向斜撑、连墙件和脚手板构成受力的骨架和作业层，再加上安全防护设施而组成，如图 3-2 所示。

2. 脚手架的受力及荷载的传递

脚手架是由各受力杆件组成的结构单元。横向水平杆（小横杆）、纵向水平杆（大横杆）和立柱等杆件组成了承载框架，剪刀撑、横向斜撑和连墙件主要是保证脚手架的整体刚度和稳定性，增强抵抗垂直和水平力的能力。

以钢管扣件式脚手架为例，各部件基本受力情况如下。

（1）垫板与底座，主要是受压配件，将立杆传来的点荷载转变为面荷载，增加对地面的受力面积，提高基础的抵抗力。

（2）立杆，是组成脚手架的主体构件，主要是承受压力，同时也是受弯杆件，是脚手架结构的支柱。

（3）扫地杆，主要作用是限制脚手架立杆在受偏心力矩的作用下底部发生的位移，同时减少由于基础不允许均匀沉降而造成脚手架倾斜，主要承受拉力和压力。

（4）纵向水平杆，是组成脚手架的主体构件，是受弯、受拉杆件，一是承受脚手板传来的荷载、承受安全立网自重荷载、抵御风载；二是约束力杆长和压力。

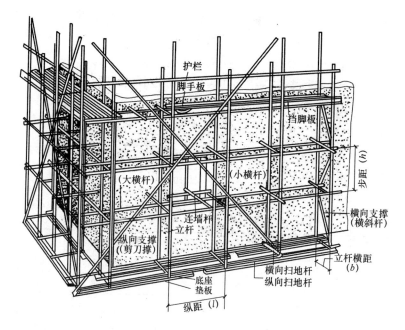

图 3-2 扣件式钢管脚手架构造图

（5）横向水平杆，是组成脚手架的主体构件，是受弯杆件，同时也承受脚手板传来的荷载，是脚手架受力和传力的主体。

（6）剪刀撑，是限制脚手架框架变形的构件，主要承受拉力和压力，通过旋转扣件的抗滑力将力传递给连接的立杆或横向水平杆。

（7）连墙件，是将脚手架承受的风荷载和其他水平荷载有效地传递到主体结构上的构件，并能限制脚手架竖向变形。在承受拉力、压力的同时又要承受拉结点自身的扭力。

（8）防护栏杆，主要是受弯和受拉杆件，设置在外立杆内侧，通过与立杆连接的扣件将所承受的水平力传到立杆上。

3. 扣件式钢管脚手架的设计尺寸

扣件式钢管脚手架高度 H，长度 L，宽度 B，步距 h，立杆纵距（跨距）l_a，立杆横距 l_b 的解释见第一章相关术语。

连墙件间距指脚手架中相邻连墙件之间的距离。

连墙件竖距指上下相邻连墙件之间的垂直距离。

连墙件横距指左右相邻连墙件之间的水平距离。

常用敞开式单、双排脚手架结构的设计尺寸，宜按表3-2、表3-3采用。

常用密目式安全立网全封闭式双排脚手架的设计尺寸（m）　　表3-2

连墙件设置	立杆横距 l_b	步距 h	下列荷载时的立杆纵距（m）				脚手架允许搭设高度（H）
			2+0.35 (kN/m²)	2+2+2 ×0.35 (kN/m²)	3+0.35 (kN/m²)	3+2+2 ×0.35 (kN/m²)	
二步三跨	1.05	1.5	2.0	1.5	1.5	1.5	50
		1.80	1.8	1.5	1.5	1.5	32
	1.30	1.5	1.8	1.5	1.5	1.5	50
		1.80	1.8	1.2	1.5	1.2	30
	1.55	1.5	1.8	1.5	1.5	1.5	38
		1.80	1.8	1.2	1.5	1.2	22
三步三跨	1.05	1.5	2.0	1.5	1.5	1.5	43
		1.80	1.8	1.2	1.5	1.2	24
	1.30	1.5	1.8	1.5	1.5	1.2	30
		1.80	1.8	1.2	1.5	1.2	17

常用密目式安全立网全封闭式单排脚手架的设计尺寸（m）　　表3-3

连墙件设置	立杆横距 l_b	步距 h	下列荷载时的立杆纵距 l_a		脚手架允许搭设高度（H）
			2+0.35 (kN/m²)	3+0.35 (kN/m²)	
三步三跨	1.20	1.5	2.0	1.9	24
		1.80	1.5	1.2	24
	1.40	1.5	1.8	1.5	24
		180	1.5	1.2	24

连墙件设置	立杆横距 l_b	步距 h	下列荷载时的立杆纵距 l_a		脚手架允许搭设高度（H）
			$2+0.35$ (kN/m²)	$3+0.35$ (kN/m²)	
三步三跨	1.20	1.5	2.0	1.8	24
		1.80	1.2	1.2	24
	1.40	1.5	1.8	1.5	24
		1.80	1.2	1.2	24

4. 落地式钢管外脚手架构造要求

（1）立杆

立杆承受纵向水平杆传来的荷载并传递给垫板。

立杆的构造要求为：

1）每根立杆底部应设置底座或垫板。

2）脚手架必须设置纵、横向扫地杆。扫地杆的作用是约束立杆的水平移动，防止立杆不均匀沉降，提高脚手架的承载能力。纵向扫地杆应采用直角扣件固定在距钢管底端不大于200mm处的立杆上。横向扫地杆亦应采用直角扣件固定在紧靠纵向扫地杆下方的立杆上。当立杆基础不在同一高度上时，必须将高处的纵向扫地杆向低处延长两跨与立杆固定，高低差不应大于1m。靠边坡上方的立杆轴线到边坡的距离不应小于500mm（图3-3）。

3）单、双排脚手架底层步距均不应大于2m。

4）立杆必须用连墙件与建筑物可靠连接，连墙件布置间距宜按规范采用。

5）立杆接长除顶层顶步外，其余各层各步接头必须采用对接扣件连接。对接扣件应交错布置：两根相邻立杆的接头不应设置在同步内；同步隔一根立杆的两个相隔接头在高度方向错开的距离不宜小于500mm；各接头中心至主节点的距离不宜大于步距的1/3（图3-4）。

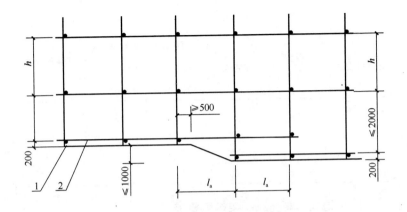

图 3-3　纵、横向扫地杆构造
1—横向扫地杆；2—纵向扫地杆

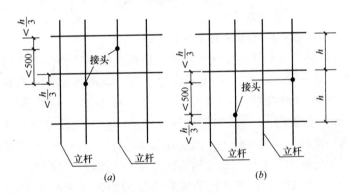

图 3-4　立杆对接接头

采用搭接接长时，搭接长度不应小于 1m，应采用不少于 2 个旋转扣件固定，端部扣件盖板的边缘至杆端距离不应小于 100mm。

6）立杆顶端宜高出女儿墙上皮 1m，高出檐口上皮 1.5m。

（2）纵向水平杆

纵向水平杆承受横向水平杆传来的垂直荷载，约束立杆的侧向变形。

纵向水平杆的构造应符合下列规定：

1）纵向水平杆应设置在立杆内侧，其长度不宜小于3跨。

2）纵向水平杆接长应采用对接扣件连接，也可采用搭接。对接、搭接应符合下列规定：

①纵向水平杆的对接扣件应交错布置：两根相邻纵向水平杆的接头不应设置在同步或同跨内。不同步或不同跨两个相邻接头在水平方向错开的距离不应小于500mm；各接头中心至最近主节点的距离不宜大于纵距的1/3（图3-5）。

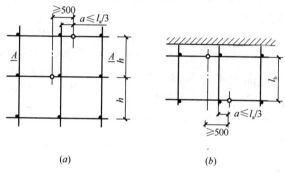

图3-5 纵向水平杆对接接头布置

（a）接头不在同步内（立面）；（b）接头不在同跨内（平面）

②搭接长度不应小于1m，应等间距设置3个旋转扣件固定，端部扣件盖板边缘至搭接纵向水平杆杆端的距离不应小于100mm。

③当使用冲压钢脚手板、木脚手板、竹串片脚手板时，纵向水平杆应作为横向水平杆的支座，用直角扣件固定在立杆上；当使用竹笆脚手板时，纵向水平杆应采用直角扣件固定在横向水平杆上，并应等间距设置，间距不应大于400mm（图3-6）。

（3）横向水平杆

横向水平杆承受由脚手板传来的垂直荷载，约束立杆的侧向变形。

横向水平杆的构造应符合下列规定：

1）主节点处必须设置一根横向水平杆，用直角扣件扣接且严禁拆除。

2）作业层上非主节点处的横向水平杆，应根据支承脚手板的需要等间距设置，最大间距不应大于纵距的1/2。

3）当使用冲压钢脚手板、木脚手板、竹串片脚手板时，双排脚手架的横向水平杆两端均应采用直角扣件固定在纵向水平杆上；单排脚手架的横向水平杆的一端，应用直角扣件固定在纵向水平杆上，另一端应插入墙内，插入长度不应小于180mm。

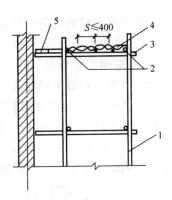

图3-6 铺竹笆脚手板时
纵向水平杆的构造
1—立杆；2—纵向水平杆；3—横向
水平杆；4—竹笆脚手板；
5—其他脚手板

4）使用竹笆脚手板时，双排脚手架的横向水平杆两端，应用直角扣件固定在立杆上；单排脚手架的横向水平杆的一端，应用直角扣件固定在立杆上，另一端应插入墙内，插入长度亦不应小于180mm。

（4）连墙件

连墙件设置的位置、数量应按专项施工方案确定。数量的设置除应满足计算要求外，尚应符合表3-4的规定。

连墙件布置最大间距 表3-4

搭设方法	高度	竖向间距（h）	水平间距（l_a）	每根连墙杆覆盖面积（m²）
双排落地	≤50m	$3h$	$3l_a$	≤40
双排悬挑	>50m	$2h$	$3l_a$	≤27
单排	≤24m	$3h$	$3l_a$	≤40

注：h—步距；l_a—纵距。

连墙件的布置应符合下列规定：

1）应靠近主节点设置，偏离主节点的距离不应大于300mm。

2）应从底层第一步纵向水平杆处开始设置，当该处设置有困难时，应采用其他可靠措施固定。

3）应优先采用菱形布置，也可采用方形、矩形布置。

4）一字形、开口型脚手架的两端必须设置连墙件，连墙件的垂直间距不应大于建筑物的层高，并不应大于4m（两步）。

对高度在24m以下的单、双排脚手架，宜采用刚性连墙件与建筑物可靠连接，亦可采用拉筋和顶撑配合使用的附墙连接方式。严禁使用仅有拉筋的柔性连墙件。

对高度24m以上的双排脚手架，必须采用刚性连墙件与建筑物可靠连接。

连墙件的构造应符合下列规定：

1）连墙件必须采用可承受拉力和压力的构造。

2）连墙件中的连墙杆或拉筋应呈水平设置，当不能水平设置时，应向脚手架一端下斜连接，不应采用上斜连接。

架高超过40m且有风涡流作用时，应采取抗上升翻流作用的连墙措施。

（5）剪刀撑与横向斜撑

双排脚手架应设剪刀撑与横向斜撑，单排脚手架应设剪刀撑。

剪刀撑的设置应符合下列规定：

1）每道剪刀撑跨越立杆的根数宜按表3-5的规定确定。每道剪刀撑宽度不应小于4跨，且不应小于6m，斜杆与地面的倾角宜在45°～60°之间。

剪刀撑跨越立杆的最多根数 表3-5

剪刀撑斜杆与地面的倾角	45°	50°	60°
剪刀撑跨越立杆的最多根数	7	6	5

2）高度在 24m 以下的单、双排脚手架，均必须在外侧立面的两端、转角各设置一道剪刀撑，并应由底至顶连续设置；中间各道剪刀撑之间的净距不应大于 15m，如图 3-7 所示。

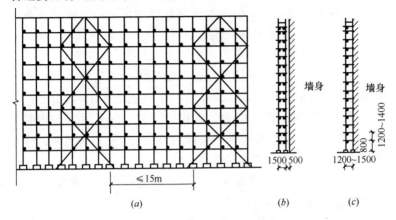

图 3-7　普通脚手架剪刀撑设置
(a) 立面图；(b) 双排架；(c) 单排架

3）高度在 24m 及以上的双排脚手架应在外侧立面整个长度和高度上连续设置剪刀撑。

4）剪刀撑斜杆的接长宜采用搭接，搭接要求同立杆搭接要求。

5）剪刀撑斜杆应用旋转扣件固定在与之相交的横向水平杆的伸出端或立杆上，旋转扣件中心线至主节点的距离不宜大于 150mm。

横向斜撑的设置应符合下列规定：

1）横向斜撑应在同一节间，由底层至顶层呈之字形连续布置。

2）高度在 24m 以下的封闭型双排脚手架可不设横向斜撑；高度在 24m 以上的封闭型脚手架，除拐角应设置横向斜撑外，中间应每隔 6 跨设置一道。

3）一字形、开口型双排脚手架的两端均必须设置横向斜撑，中间应每隔 6 跨设置一道。

（6）脚手板

脚手板的设置应符合下列规定：

1）作业层脚手板应铺满、铺稳，离开墙面 120～150mm。

2）冲压钢脚手板、木脚手板、竹串片脚手板等，应设置在三根横向水平杆上。当脚手板长度小于 2m 时，可采用两根横向水平杆支承，但应将脚手板两端与其可靠固定，严防倾翻。此三种脚手板的铺设可采用对接平铺，亦可采用搭接铺设。脚手板对接平铺时，接头处必须设两根横向水平杆，脚手板外伸长应取 130～150mm，两块脚手板外伸长度的和不应大于 300mm；脚手板搭接铺设时，接头必须支在横向水平杆上，搭接长度应大于 200mm，其伸出横向水平杆的长度不应小于 100mm（图 3-8）。

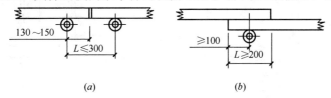

（*a*）　　　　　　　　　　　（*b*）

图 3-8　脚手板对接、搭接构造

（*a*）脚手板对接；（*b*）脚手板搭接

3）竹笆脚手板应按其竹筋垂直于纵向水平杆方向铺设，且采用对接平铺，四个角应用直径 1.2mm 的镀锌钢丝固定在纵向水平杆上。

4）作业层端部脚手板探头长度应取 150mm，其板两端均应与支承杆可靠地固定。

（7）抛撑

当脚手架下部暂不能设连墙件时可搭设抛撑。

1）抛撑应采用通长杆件与脚手架可靠连接，与地面的倾角应在 45°～60°之间。

3）连接点中心至主节点的距离不应大于 300mm。

3）抛撑应在连墙件搭设后方可拆除。

（8）门洞

单、双排脚手架门洞宜采用上升斜杆、平行弦杆桁架结构型式（图 3-9），斜杆与地面的倾角应在 45°～60°之间。

门洞桁架的型式宜按下列要求确定：

1）当步距（h）小于纵距（l_a）时，应采用 A 型。

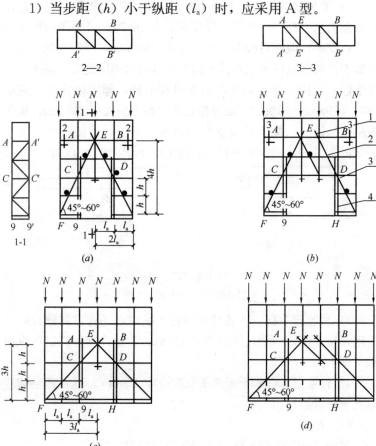

图 3-9 门洞处上升斜杆、平行弦杆桁架

（a）挑空一根立杆（A 型）；（b）挑空两根立杆（A）型；（c）挑空一根立杆（B 型）；

（d）挑空两根立杆（B）型

1—防滑扣件；2—增设的横向水平杆；3—副立杆；4—主立杆

94

2）当步距（h）大于纵距（l_a）时，应采用 B 型。且 $h=1.8m$ 时，纵距不应大于 1.5m；$h=2.0m$ 时，纵距不应大于 1.2m。

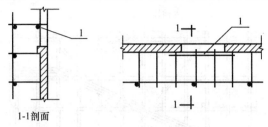

图 3-10　单排脚手架过窗洞构件
1—增设的纵向水平杆

单、双排脚手架门洞桁架的构造应符合下列规定：

单排脚手架门洞处，应在平面桁架（图 3-9 中 *ABCD*）的每一节间设置一根斜腹杆；双排脚手架门洞处的空间桁架，除下弦平面外，应在其余 5 个平面内的图示节间设置一根斜腹杆（图 3-9 中 1-1、2-2、3-3 剖面）。

斜腹杆宜采用旋转扣件固定在与之相交的横向水平杆的伸出端上，旋转扣件中心线至主节点的距离不宜大于 150mm。当斜腹杆在 1 跨内跨越 2 个步距（图 3-9A 型）时，宜在相交的纵向水平杆处，增设一根横向水平杆，将斜腹杆固定在其伸出端上。

斜腹杆宜采用通长杆件，当必须接长使用时，宜采用对接扣件连接，也可采用搭接。

单排脚手架过窗洞时应增设立杆或增设一根纵向水平杆（图 3-10）。

门洞桁架下的两侧立杆应为双管立杆，副立杆高度应高于门洞口 1～2 步。

门洞桁架中伸出上下弦杆的杆件端头，均应增设一个防滑扣件（图 3-9），该扣件宜紧靠主节点处的扣件。

（9）斜道

人行并兼作材料运输的斜道，对高度不大于 6m 的脚手架，宜采用一字形斜道；高度大于 6m 的脚手架，宜采用之字形斜道，如图 3-11 所示。

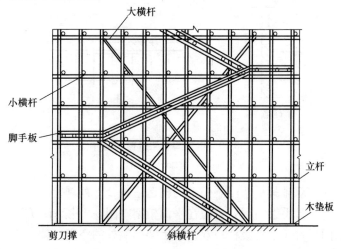

图 3-11　外脚手架中斜道示意图

斜道的构造应符合下列规定：

1）斜道应附着外脚手架或建筑物设置。

2）运料斜道宽度不宜小于 1.5m，坡度宜采用 1：6；人行斜道宽度不宜小于 1m，坡度宜采用 1：3。

3）拐弯处应设置平台，其宽度不应小于斜道宽度。

4）斜道两侧及平台外围均应设置栏杆及挡脚板。栏杆高度应为 1.2m，挡脚板高度不应小于 180mm。

5）运料斜道两侧、平台外围和端部均应按规定设置连墙件；每两步应加设水平斜杆；应按规定设置剪刀撑和横向斜撑。

斜道脚手板构造应符合下列规定：

1）脚手板横铺时，应在横向水平杆下增设纵向支托杆，纵向支托杆间距不应大于 500mm。

2）脚手板顺铺时，接头宜采用搭接；下面的板头应压住上面的板头，板头的凸棱处宜采用三角木填顺。

3）人行斜道和运料斜道的脚手板上应每隔 250～300mm 设

置一根防滑木条，木条厚度宜为 20～30mm。

（三）落地扣件式钢管脚手架搭设

脚手架搭设必须严格执行有关的脚手架安全技术规范，采取切实可靠的安全措施，以保证安全可靠施工。

脚手架按形成基本构架单元的要求，逐排、逐跨、逐步地进行搭设。

矩形周边脚手架可在其中的一个角的两侧各搭设一个 1～2 根杆长和 1 根杆高的架子，并按规定要求设置剪刀撑或横向斜撑，以形成一个稳定的起始架子（图 3-12），然后向内边延伸，至全周边都搭设好后，再分步满周边向上搭设。

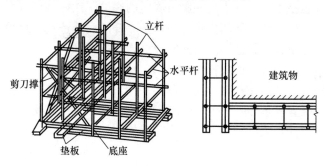

图 3-12　脚手架搭设的起始架

在搭施脚手架时，各杆件的搭设顺序为：

搭设准备→放立杆位置线→铺垫板→放底座→摆放纵向扫地杆→逐根立杆（随即与纵向扫地杆扣紧）→安放横向扫地杆（与立杆或纵向扫地杆扣紧）→安装第一步大横杆和小横杆→安装第二步大横杆和小横杆→加设临时抛撑（上端与第二步大横杆扣紧，在设置两道连墙杆后可拆除）→安装第三、四步大横杆和小横杆；设置连墙杆→安装横向斜撑→接立杆→加设剪刀撑；铺脚手板→安装封顶杆→安装护身栏杆和扫脚板→立挂安全网。

脚手架必须配合施工进度搭设，一次搭设高度不应超过相邻连墙件以上两步。

每搭完一步脚手架后，应按规范规定校正步距、纵距、横距及立杆的垂直度。

1. 放线和铺垫板

按单、双排脚手架的杆距、排距要求放线、定位，铺设垫板和安放底座时应注意垫板铺平稳，不得悬空，底座、垫板必须准确地放在定位线上，双管立杆应采用双管底座或点焊在一根槽钢上。垫板宜采用长度不少于 2 跨、厚度不小于 50mm 的木垫板，也可采用槽钢。

2. 摆放纵向扫地杆、树立杆

根据脚手架的宽度摆放纵向扫地杆。在搭双排脚手架时，第一步架最好有 6～8 人互相配合操作。树立杆时，一人拿起立杆并插入底座中，另一人用左脚将底座的底端踩住，并用双手将立杆竖起并准确插入底座内。然后将各立杆的底部按规定跨距与纵向扫地杆用直角扣件固定，并安装好横向扫地杆。

要求内、外排的立杆同时竖起，及时拿起纵横向扫地杆用直角扣件与立杆连接扣住。先树两端立杆，后树中间各根立杆。

每根立杆底部应设置底座或垫板，如图 3-13 所示。纵向、横向扫地杆及立杆的搭设应符合前述构造规定。

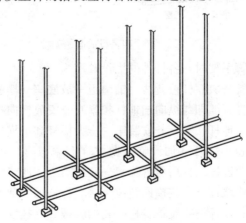

图 3-13 摆放扫地杆、树立杆

3. 安装纵向水平杆和横向水平杆

在立杆的同时，要及时搭设第一、二步纵向水平杆和横向水平杆，以及临时抛撑或连墙件，以防架子倾倒。

（1）使用冲压钢脚手板、木脚手板、竹串片脚手板时

应先安装纵向水平杆，用直角扣件把纵向水平杆固定在立杆内侧；再安装横向水平杆，均应用直角扣件将其固定在纵向水平杆上，如图 3-14 所示。

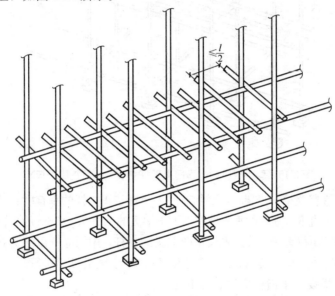

图 3-14　脚手架纵向、横向水平杆安装（铺冲压钢脚手板等）

作业层上非主节点处的横向水平杆应根据支承脚手板的需要，等距离设置（用直角扣件固定在纵向水平杆上），最大间距应不大于 1/2 跨距。

（2）使用竹笆脚手板时

应先安装横向水平杆，两端用直角扣件固定在立杆上；再安装纵向水平杆，在立杆内侧用直角扣件固定在横向水平杆上，如图 3-15 所示。

作业层上非主节点处的纵向水平杆，应根据铺放脚手板的需

要，等距离设置（用直角扣件固定在横向水平杆上），其间距应不大于400mm。

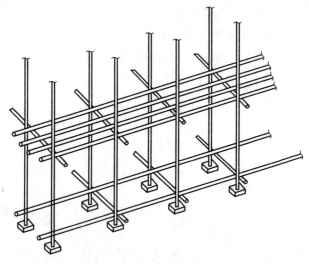

图 3-15　脚手架纵向、横向水平杆安装（铺竹笆脚手板）

在竖立第一步架时，必须有一人负责校正立杆的垂直度和大横杆的平直度。立杆的垂直偏差不大于架高的1/200，如6m的立杆垂直偏差不得大于3cm。先校正两端头的立杆，中间立杆以端头立杆为准竖直即可。其他立杆、大小横杆可按上述操作要点进行。

搭设大小横杆应注意以下几点：

1）封闭型脚手架同一步架内大横杆必须四周交圈，用直角扣件与外、内角柱固定好。

2）双排脚手架的小横杆的靠墙一端至墙面的距离不宜大于100mm。

3）单排脚手架的横向水平杆不应设置在下列部位：

① 设计上不允许留脚手眼的部位。

② 过梁上与过梁两端成60°角的三角形范围内及过梁净跨度1/2的高度范围内。

③ 宽度小于1m的窗间墙。

④ 梁或梁垫下及其两侧各 500mm 的范围内。

⑤ 砖砌体的门窗洞口两侧 200mm 和转角处 450mm 的范围内；其他砌体的门窗洞口两侧 300mm 和转角处 600mm 的范围内。

⑥ 墙体厚度小于或等于 180mm。

⑦ 独立或附墙砖柱，空斗砖墙、加气块墙等轻质墙体。

⑧ 砌筑砂浆强度等级小于或等于 M2.5 的砖墙。

4）大、小横杆的接点不得在同一步架或同一跨间内，并要求上下错开连接。

5）大横杆应安放在立杆的内侧，各杆件用扣件互相连接伸出的端头均应大于 100mm，以防滑脱。

4. 设置抛撑

在设置第一层连墙件之前，除角部外，每隔 6 跨设一道抛撑，直至装设连墙件稳定后，方可视情况拆除。

抛撑应采用通长杆，上端与脚手架中第二步纵向水平杆连接，连接点与主节点的距离不大于 300mm。

5. 设置连墙件

当脚手架施工操作层高出相邻连墙件两步时，应采取临时稳定措施，直到上一层连墙件搭设完后方可根据情况拆除。

（1）连墙件做法

连墙件有刚性连墙件和柔性连墙件两类。

1）刚性连墙件

刚性连墙件（杆）一般有 3 种做法：

① 连墙杆与预埋件焊接而成。

在现浇混凝土的框架梁、柱上留预埋件，然后用钢管或角钢的一端与预埋件焊接，如图 3-16（a）所示，另一端与连接短钢管用螺栓连接。

② 用短钢筋、扣件与钢筋混凝土柱连接，如图 3-16（b）所示。

③ 用短钢筋、扣件与墙体连接，如图 3-16（c）所示。

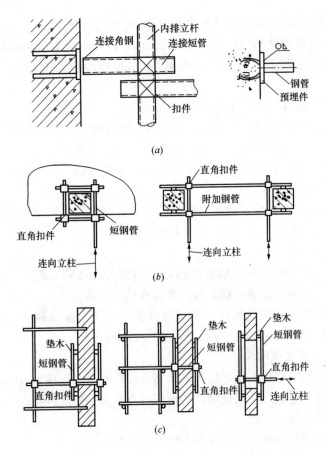

图 3-16 刚性连墙件

（a）钢管焊接刚性连墙件；（b）钢筋扣件柱刚性连墙件；（c）钢筋扣件墙刚性连墙件

2）柔性连墙件

单排脚手架的柔性连墙件做法如图 3-17（a）所示，双排脚手架的柔性连墙件做法如图 3-17（b）所示。拉接和顶撑必须配合使用。其中拉筋用 $\phi6$ 钢筋或 $\phi4$ 的钢丝，用来承受拉力；顶撑用钢管和木楔，用以承受压力。但柔性连墙件因做法粗糙，可靠性差，不符合安全要求，目前已经基本被取消使用。

（2）连墙件的设置要求

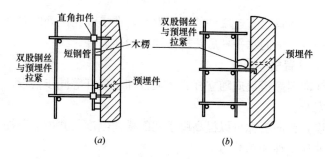

图 3-17 柔性连墙件

连墙件搭设应符合前述构造规定。

1）$H<24m$ 的脚手架宜用刚性连墙件；$H\geqslant24m$ 的脚手架必须用刚性连墙件，严禁使用柔性连墙件。

2）连墙件宜优先菱形布置（图 3-18），也可用方形、矩形布置。

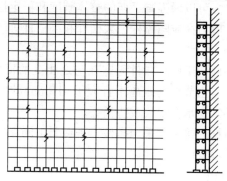

图 3-18 连墙件的布置

6. 接立杆

立杆接长除顶层顶步可采用搭接接头外，其余各层各步接头必须采用对接扣件连接。接头应符合前述构造规定。

在搭设脚手架立杆时，为控制立杆的偏差，对立杆的垂直度应进行检测（用经纬仪或吊线和卷尺）。而立杆的垂直度用控制水平偏差来保证。立杆的允许水平偏差应符合规范规定。

开始搭立杆时，应每隔 6 跨设置一根抛撑，直至连墙件安装稳定后，方可视情况拆除。

当架体搭至有连墙件的主节点时，在搭设完该处的立杆、纵向水平杆、横向水平杆后，应立即设置连墙件。

7. 设置横向斜撑

横向斜撑搭设应随立杆、大横杆和小横杆等同步搭设，不得滞后安装。

设置横向斜撑可以提高脚手架的横向刚度，并能显著提高脚手架的稳定性和承载力。

斜撑杆宜采用旋转扣件固定在与之相交的横向水平杆的伸出端（扣件中心线与主节点的距离不宜大于 150mm），底层斜杆的下端必须支承在垫块或垫板上。

横向斜撑的设置应符合前述构造规定。

8. 设置剪刀撑

设置剪刀撑可以增强脚手架的整体刚度和稳定性，提高脚手架的承载力。剪刀撑应随立杆、大横杆和小横杆等同步搭设，不得滞后安装。

剪刀撑斜杆应用旋转扣件固定在与之相交的横向水平杆上，且扣件中心线与主节点的距离不宜大于 150mm 的伸出端，底层斜杆的下端必须支承在垫块或垫板上。

剪刀撑斜杆的接长宜采用搭接，搭接要求同立杆。

剪刀撑的设置应符合前述构造规定。

9. 铺脚手板

脚手板的铺设应符合下列规定：

1）脚手板应铺满、铺稳，离开墙面 120～150mm。

2）采用对接或搭接时均应符合规范规定；脚手板探头应用直径 3.2mm 的镀锌钢丝固定在支承杆件上。

3）在拐角、斜道平台口处的脚手板，应与横向水平杆可靠连接，防止滑动。

10. 栏杆和挡脚板搭设

作业层、斜道的栏杆和挡脚板的搭设应符合下列规定（图 3-19）：

1）栏杆和挡脚板均应搭设在外立杆的内侧。

2）上栏杆上皮高度应为1.2m，中栏杆居中设置。

3）挡脚板高度不应小于180mm。

4）有时也可用一道高于脚手板200～400mm的栏杆（踢脚杆）替代挡脚板。

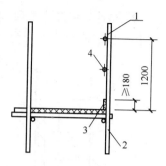

图3-19　栏杆与挡脚板构造
1—上栏杆；2—外立杆；
3—挡脚板；4—中栏杆

11. 脚手架封顶

扣件式钢管脚手架一次不宜搭得过高，应随着结构的升高而升高。脚手架在封顶时，必须按安全操作要求做到以下几点。

（1）封顶构造要求

1）外排立杆必须超过房屋檐口的高度，如图3-20所示。平屋顶高出女儿墙1m，坡屋顶超过檐口1.5m。

2）里排立杆必须低于檐口底150～200mm。

3）脚手架最上一排连墙件以上的建筑物高度应不大于4m。

4）绑扎两道护身栏杆，一道180mm高的挡脚板，并立挂安全网。

（2）房屋挑檐部位脚手架封顶

在房屋的挑檐部位搭设脚手架时，可用斜杆将脚手架挑出，如图3-21所示。其构造有以下要求：

1）挑出部分的高度不得超过两步，宽度不超过1.5m。

2）斜杆应在每根立杆上挑出，与水平面的夹角不得小于60°，斜杆的两端均交于脚手架的主节点处。

3）斜杆间的距离不得大于1.5m。

4）脚手架挑出部分最外排立杆与原脚手架的两排立杆，至少设置3道平行的纵向水平杆。

12. 扣件安装注意事项

扣件安装应符合下列规定：

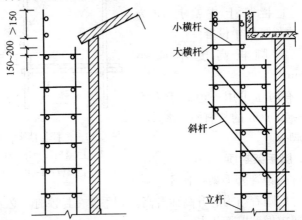

图 3-20　坡屋顶脚手架封顶　　图 3-21　挑檐部位脚手架封顶

（1）扣件规格必须与钢管外径相同。

（2）扣件螺栓拧紧扭力矩不应小于 40N·m，且不应大于 65N·m。

（3）在主节点处固定横向水平杆、纵向水平杆、剪刀撑、横向斜撑等用的直角扣件、旋转扣件的中心点的相互距离不应大于 150mm。

（4）对接扣件开口应朝下或朝内，以防雨水进入。

（5）连接纵向（或横向）水平杆与立杆的直角扣件。其开口要朝上，以防止扣件螺栓滑丝时水平杆的脱落。

（6）各杆件端头伸出扣件盖板边缘的长度不应小于 100mm。

架杆的同时，就要装扣件并紧固。架横杆时，可在立杆上预定位置留置扣件，横杆依该扣件就位。先上好螺栓，再调平、校正，然后紧固。调整扣件位置时，要松开扣件螺栓移动扣件，不能猛力敲打。

各种扣件的螺栓拧紧度对脚手架的安全至关重要，扣件螺栓拧得太紧或拧过头，脚手架承受荷载后容易发生扣件崩裂或滑丝事故；扣件螺栓拧得太松，脚手架承受荷载后容易产生滑落事故。二者对脚手架的承载能力、稳定性及施工安全影响极大。尤其是立杆与大横杆连接部位的扣件，应确保大横杆受力后不致向下滑移。紧固扣件时，要注意以下几点：

（1）紧固力矩

试验表明，扣件螺栓拧紧到扭矩为 $40\sim65$N·m 时，扣件才具有抗滑、抗转动和抗拨出的能力，并具有一定的安全储备。当扭矩达 65N·m 以上时，扣件螺栓将出现"滑丝"，甚至断裂。因此，要求扭力矩最大不得超过 65N·m。

（2）紧固扣件螺栓的工具

可以用棘轮扳手和固定扳手（活动扳手）。棘轮扳手可以连续拧转操作，使用方便。固定（活动）扳手时，操作人应根据自己使用的扳手的长度用测力计测量自己的手劲，反复练习，以便熟练掌握自己扭力矩的大小，可确保脚手架的搭设安全。

（3）扣件开口的朝向

根据扣件所处的位置和作用的不同，应注意扣件在杆上的开口朝向的差异。要有利于扣件受力；当螺栓滑丝时，不致立即脱落；要避免雨水进入钢管。例如，用于连接大横杆的对接扣件，扣件开口应朝里，螺栓朝上，以防止雨水进入钢管，使钢管锈蚀。使用直角扣件时开口应朝内或外、螺栓朝上。

（四）脚手架搭设的检查、验收和安全管理

1. 脚手架搭设的检查、验收

扣件式钢管脚手架的搭设质量阶段性检查、验收和维护内容，验收文件，见第二章。经检查合格者方可验收交付使用。

脚手架的质量检查、验收，重点检查下列项目，并需将检查结果记入验收报告。

（1）脚手架的架杆、配件设置和连接是否齐全，质量是否合

格，构造是否符合要求，扣件连接是否紧固可靠；

（2）地基有否积水，基础是否平整、坚实，底座是否松动，立杆有否悬空；

（3）连墙件的数量、位置和设置是否符合规定；

（4）安全网的张挂及扶手的设置是否符合规定要求；

（5）脚手架的垂直度与水平度的偏差是否符合要求；

（6）是否超载。

为便于使用，表3-6列出了扣件式钢管脚手架搭设的技术要求、允许偏差及检查方法。

脚手架搭设的技术要求允许偏差与检验方法　　表3-6

项次	项目		技术要求	允许偏差 Δ（mm）	示意图	检查方法与工具
1	地基基础	表面	坚实平整	—	—	观察
		排水	不积水			
		垫板	不晃动			
		底座	不滑动			
			不沉降	—10		
2	单、双排与满堂脚手架立杆垂直度	最后验收立杆垂直度20～50m	—	±100		用经纬仪或吊线和卷尺

下列脚手架允许水平偏差（mm）			
搭设中检查偏差的高度（m）	总高度		
	50m	40m	20m
H=2	±7	±7	±7
H=10	±20	±25	±50
H=20	±40	±50	±100
H=30	±60	±75	
H=40	±80	±100	
H=50	±100		
中间档次用插入法。			

项次	项目	技术要求	允许偏差 Δ (mm)	示意图	检查方法与工具
3	满堂支撑架立杆垂直度	最后验收垂直度 30m	—	±90	—	用经纬仪或吊线和卷尺
		下列满堂支撑架允许水平偏差（mm）				
		搭设中检查偏差的高度（m）	总高度			
			30m			
		$H=2$	±7			
		$H=10$	±30			
		$H=20$	±60			
		$H=30$	±90			
		中间档次用插入法				
4	单双排、满堂脚手架间距	步距 纵距 横距	— — —	±20 ±50 ±20	—	钢板尺
5	满堂支撑架间距	步距 立杆间距	— —	±20 ±30	—	钢板尺
6	纵向水平杆高差	一根杆的两端	—	±20		水平仪或水平尺
		同跨内两根纵向水平杆高差	—	±10		
7	剪刀撑斜杆与地面的倾面	45°～60°	—	—	角尺

项次	项目		技术要求	允许偏差 Δ（mm）	示意图	检查方法与工具
8	脚手板外伸长度	对接	$a=130\sim150mm$ $l\leqslant300mm$	—		卷尺
		搭接	$a\geqslant100mm$ $l\geqslant200mm$	—		卷尺
9	扣件安装	主节点处各扣件中心点相互距离	$a\leqslant150mm$	—		钢板尺
		同步立杆上两个相隔对接扣件的高差	$a\geqslant500mm$	—		钢卷尺
		立杆上的对接扣件至主节点的距离	$a\leqslant h/3$	—		
		纵向水平杆上的对接扣件至主节点的距离	$a\leqslant l_a/3$	—		钢卷尺
		扣件螺栓拧紧扭力矩	$40\sim65$ N·m	—	—	扭力扳手

110

扣件式钢管脚手架是采用扣件连接，安装后扣件螺栓拧紧扭力矩应采用扭力扳手检查，抽样方法应按随机分布原则进行。抽样检查的数量与质量判定标准应按表3-7的规定确定。不合格的应重新拧紧至合格。

扣件拧紧抽样检查数目及质量判定标准　　　表3-7

项次	检 查 项 目	安装扣件数量（个）	抽检数量（个）	允许的不合格数量（个）
1	连接立杆与纵（横）向水平杆或剪刀撑的扣件；接长立杆、纵向水平杆或剪刀撑的扣件	51～90	5	0
		91～150	8	1
		151～280	13	1
		281～500	20	2
		501～1200	32	3
		1201～3200	50	5
2	连接横向水平杆与纵向水平杆的扣件（非主节点处）	51～90	5	1
		91～150	8	2
		151～280	13	3
		281～500	20	5
		501～1200	32	7
		1201～3200	50	10

脚手架是建筑施工的主要设施，主管部门对施工现场进行安全生产检查时，在18分项中占了8项。表3-8是扣件式钢管脚手架的检查评分表。

扣件式钢管脚手架检查评分表　　　表3-8

序号	检查项目		扣分标准	应得分数	扣减分数	实得分数
1	保证项目	施工方案	架体搭设未编制施工方案或搭设高度超过24m未编制专项施工方案扣10分；架体搭设高度超过24m，未进行设计计算或未按规定审核、审批扣10分；架体搭设高度超过50m，专项施工方案未按规定组织专家论证或未按专家论证意见组织实施扣10分；施工方案不完整或不能指导施工作业扣5～8分	10		

序号	检查项目		扣分标准	应得分数	扣减分数	实得分数
2		立杆基础	立杆基础不平、不实、不符合方案设计要求扣 10 分； 立杆底部底座、垫板或垫板的规格不符合规范要求每一处扣 2 分； 未按规范要求设置纵、横向扫地杆扣 5～10 分； 扫地杆的设置和固定不符合规范要求扣 5 分； 未设置排水措施扣 8 分	10		
3	保证项目	架体与建筑结构拉结	架体与建筑结构拉结不符合规范要求每处扣 2 分； 连墙件距主节点距离不符合规范要求每处扣 4 分； 架体底层第一步纵向水平杆处未按规定设置连墙件或未采用其他可靠措施固定每处扣 2 分； 搭设高度超过 24m 的双排脚手架，未采用刚性连墙件与建筑结构可靠连接扣 10 分	10		
4		杆件间距与剪刀撑	立杆、纵向水平杆、横向水平杆间距超过规范要求每处扣 2 分； 未按规定设置纵向剪刀撑或横向斜撑每处扣 5 分； 剪刀撑未沿脚手架高度连续设置或角度不符合要求扣 5 分； 剪刀撑斜杆的接长或剪刀撑斜杆与架体杆件固定不符合要求每处扣 2 分	10		
5		脚手板与防护栏杆	脚手板未满铺或铺设不牢、不稳扣 7～10 分； 脚手板规格或材质不符合要求扣 7～10 分； 每有一处探头板扣 2 分； 架体外侧未设置密目式安全网封闭或网间不严扣 7～10 分； 作业层未在高度 1.2m 和 0.6m 处设置上、中两道防护栏杆扣 5 分； 作业层未设置高度不小于 180mm 的挡脚板扣 5 分	10		

序号	检查项目		扣分标准	应得分数	扣减分数	实得分数
6	保证项目	交底与验收	架体搭设前未进行交底或交底未留有记录扣5分； 架体分段搭设分段使用未办理分段验收扣5分； 架体搭设完毕未办理验收手续扣10分； 未记录量化的验收内容扣5分	10		
		小计		60		
7	一般项目	横向水平杆设置	未在立杆与纵向水平杆交点处设置横向水平杆每处扣2分； 未按脚手板铺设的需要增加设置横向水平杆每处扣2分； 横向水平杆只固定端每处扣1分； 单排脚手架横向水平杆插入墙内小于18cm每处扣2分	10		
8		杆件搭接	纵向水平杆搭接长度小于1m或固定不符合要求每处扣2分； 立杆除顶层顶步外采用搭接每处扣4分	10		
9		架体防护	作业层未用安全平网双层兜底，且以下每隔10m未用安全平网封闭扣10分； 作业层与建筑物之间未进行封闭扣10分	10		
10		脚手架材质	钢管直径、壁厚、材质不符合要求扣5分； 钢管弯曲、变形、锈蚀严重扣4～5分； 扣件未进行复试或技术性能不符合标准扣5分	5		
11		通道	未设置人员上下专用通道扣5分； 通道设置不符合要求扣1～3分	5		
		小计		40		
检查项目合计				100		

2. 脚手架使用的安全管理

扣件式钢管脚手架的安全管理要求除第二章的一般要求外，还有：

（1）钢管上严禁打孔。

（2）作业层上的施工荷载应符合设计要求，不得超载。不得在脚手架上集中堆放模板、钢筋等物件，严禁在脚手架上拉缆风绳，不得将模板支架、泵送混凝土和砂浆的输送管等固定在架体，严禁悬挂起重设备，严禁拆除或移动架体上安全防护设施。

（3）在脚手架使用期间，严禁拆除下列杆件：主节点处的纵、横向水平杆，纵、横向扫地杆，连墙件。

（4）当在脚手架使用过程中开挖脚手架基础下的设备基础或管沟时，必须对脚手架采取加固措施。

（5）脚手板应铺设牢靠、严实，并应用安全网双层兜底。施工层以下每隔 10m 应用安全网封闭。

（6）单、双排脚手架、悬挑式脚手架沿架体外围应用密目式安全网全封闭，密目式安全网宜设置在脚手架外立杆的内侧，并应与架体绑扎牢固。

（7）夜间不宜进行脚手架搭设与拆除作业。

（五）脚手架的拆除、保管和整修保养

1. 脚手架的拆除

拆除作业的施工准备、安全技术要求和防护措施见第二章的一般要求。

（1）脚手架的拆除顺序与搭设顺序相反，后搭的先拆，先搭的后拆。

扣件式钢管脚手架的拆除顺序为：

安全网→剪刀撑→斜道→连墙件→横杆→脚手板→斜杆→立杆→……→立杆底座。

（2）拆脚手架杆件，应尽量避免单人进行拆卸作业，必须由

2～3人协同操作,严禁单人拆除如脚手板、长杆件等较重、较大的杆部件。拆纵向水平杆时,应由站在中间的人向下传递,严禁向下抛掷。

(3)拆除立杆时,先把稳上部,再松开下端的连接,然后取下;拆除大横杆、斜撑、剪刀撑时,应先拆中间扣,然后托住中间,再解端头扣,松开连接后,水平托举取下。

(4)连墙件必须随脚手架逐层拆除,严禁先将连墙件整层或数层拆除后再拆脚手架杆件。

(5)脚手架分段拆除高差不应大于2步,如高差大于2步,应增设连墙件加固。

(6)当脚手架拆至下部最后一根立杆高度(约6.5m)时,应在适当位置先搭设临时抛撑加固后,再拆除连墙件。

(7)如部分脚手架需要保留而采取分段、分立面拆除时,对不拆除部分脚手架的两端应按规定设置连墙件和横向斜撑加固。

2. 脚手架材料的保管、整修和保养

拆下的脚手架杆、配件,应及时检验、整修和保养,并按品种、规格、分类堆放,以便运输保管。

四、落地碗扣式钢管外脚手架

碗扣式脚手架，又称多功能碗扣型脚手架，是采用定型钢管杆件和碗扣接头连接的一种承插锁固式多立杆脚手架，是我国科技人员在 20 世纪 80 年代中期根据国外的经验开发出来的一种新型多功能脚手架。具有结构简单、轴向连接，力学性能好、承载力大，接头构造合理，工作安全可靠，拆装方便、高效，操作容易，构件自重轻，作业强度低，零部件少，损耗率低，便于管理，易于运输，多种功能等优点，在我国近年来发展较快，现已广泛用于房屋、桥梁、涵洞、隧道、烟囱、水塔、大坝、大跨度网架等多种工程施工中，取得了显著的经济效益。

碗扣式脚手架在操作上免去了工人拧紧螺栓的过程，它的节点构造完全是杆件和扣件的旋转、承插、长扣啃合的，只要安装到位就达到目的，不像扣件式脚手架人工拧螺栓，其紧固程度靠工人用力的感觉来完成。这种脚手架结构的本身安全克服了人为的感觉因素，更能直观地体现脚手架作为一种临时结构的安全性。

（一）构配件的材质规格

1. 碗扣式钢管脚手架的构造特点

碗扣式钢管脚手架采用每隔 0.6m 设一套碗扣接头的定型立杆和两端焊有接头的定型横杆，并实现杆件的系列标准化。主要构件是 $\phi48mm \times 3.5mm$，Q235A 级焊接钢管，壁厚为 $3.5_0^{+0.25}$ mm，其核心部件是连接各杆的带齿，它由上碗扣、下碗扣、横杆接头、斜杆接头和上碗扣限位销等组成，其构造如图 4-1（a）所示。

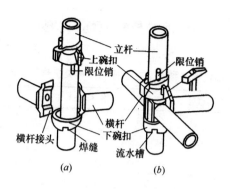

图 4-1 碗扣节点构造

(a) 连接前；(b) 连接后

立杆上每隔 0.6m 安装一套碗口节点，并在其顶端焊接立杆连接管。下碗扣和限位销焊在立杆上，上碗扣对应地套在钢管上，其销槽对准限位销后即能上、下滑动。

横杆是在钢管的两端各焊接一个横杆接头而成。

连接时，只需将横杆接头插入立杆上的下碗扣圆槽内，再将上碗扣沿限位销扣下，并顺时针旋转，靠上碗扣螺旋面使之与限位销顶紧（可使用锤子敲击几下即可达到扣紧要求），从而将横杆与立杆牢固地连在一起（图 4-1b）形成框架结构的拼装完全避免了螺栓作业。

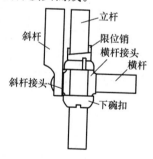

图 4-2 斜杆节点构造

可同时连接四根横杆，并且横杆可以互相垂直，也可以倾斜一定的角度。

斜杆是在钢管的两端铆接斜杆接头而成。同横杆接头一样可装在下碗扣内，形成斜杆节点。斜杆可绕斜杆接头转动（图 4-2）。

2. 落地碗扣式钢管脚手架构配件

碗扣式钢管脚手架构配件按用途可分为主构件、辅助构件和专用构件三类。主要构配件种类、规格及质量，应符合表 4-1 的规定。

碗扣式钢管脚手架主要杆配件种类、规格及质量　表 4-1

名称	常用型号	规格（mm）	理论重量（kg）
立杆	LG-120	φ48×1200	7.05
	LG-180	φ48×1800	10.19
	LG-240	φ48×2400	13.34
	LG-300	φ48×3000	16.48
横杆	HG-30	φ48×300	1.32
	HG-60	φ48×600	2.47
	HG-90	φ48×900	3.63
	HG-120	φ48×1200	4.78
	HG-150	φ48×1500	5.93
	HG-180	φ48×1800	7.08
	HG-240	φ48×2400	9.38
间横杆	JHG-90	φ48×900	4.37
	JHG-120	φ48×1200	5.52
	JHG-120+30	φ48×（1200+300）用于窄挑梁	6.85
	JHG-120+60	φ48×（1200+600）用于宽挑梁	8.16
专用外斜杆	XG-0912	φ48×1500	6.33
	XG-1212	φ48×1700	7.03
	XG-1218	φ48×2160	8.66
	XG-1518	φ48×2340	9.30
	XG-1818	φ48×2550	10.04
专用斜杆	ZXG-0912	φ48×1270	5.89
	ZXG-0918	φ48×1750	7.73
	ZXG-1212	φ48×1500	6.76
	ZXG-1218	φ48×1920	8.37
窄挑梁	TL-30	宽度300	1.53

名称	常用型号	规格（mm）	理论重量（kg）
宽挑梁	TL-60	宽度 600	8.60
立杆连接销	LLX	$\phi10$	0.18
可调底座	KTZ-45	T38×6 可调范围≤300	5.82
	KTZ-60	T38×6 可调范围≤450	7.12
	KTZ-75	T38×6 可调范围≤600	8.50
可调托撑	KTC-45	T38×6 可调范围≤300	7.01
	KTC-60	T38×6 可调范围≤450	8.31
	KTC-75	T38×6 可调范围≤600	9.69
脚手板	JB-120	1200×270	12.80
	JB-150	1500×270	15.00
	JB-180	1800×270	17.90

（1）主构件

构成脚手架主体的杆部件，共有 6 类。

1）立杆

立杆是脚手架的主要受力杆件，由一定长度的 $\phi48×3.5$、Q235 钢管每隔 0.6m 装一套，并在其顶端焊接立杆连接管制成。立杆有 1.2m、1.8m、2.4m、3.0m 四种规格。

2）顶杆（顶部立杆）

顶端设有立杆连接管，便于在顶端插入托撑或可调托撑等。主要用于支撑架、支撑柱、物料提升架等的顶部。因其顶部有内销管，无法插入托撑，有的模板，将立杆的内销管改为下套管，取消了顶杆，实现了立杆和顶杆的统一，使用效果很好。两种立杆的基本结构如图 4-3 所示。

3）横杆

组成框架的横向连接杆件，由一定长度的 $\phi48×3.5$、Q235 钢管两端焊接横杆接头制成。有 1.80m、1.5m、1.2m、0.9m、0.6m、0.3m 等 6 种规格。

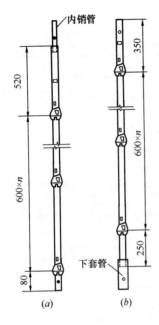

图 4-3 两种立杆的基本结构

(a) 老立杆；(b) 新立杆

为适应模板早拆支撑的要求（模数为 300mm 的两个早拆模板间一般留 50mm 宽迟拆条），增加了规格为 950mm、1250mm、1550mm、1850mm 的横杆。

4）单排横杆

主要用做单排脚手架的横向水平横杆，只在 $\phi48\times3.5$、Q235 钢管一端焊接横杆接头，有 1.4m、1.8m 两种规格。

5）斜杆

斜杆是为增强脚手架的稳定性而设计的系列构件，在 $\phi48\times3.5$、Q235 钢管两端铆接斜杆接头制成，斜杆接头可转动，同横杆接头一样可装在下碗扣内，形成节点斜杆。分专用外斜杆与专用斜杆。

6）底座

底座是安装在立杆根部防止其下沉，并将上部荷载分散传递给地基基础的构件。有以下三种：

① 垫座

只有一种规格（LDZ），由 150mm×150mm×8mm 钢板和中心焊接连接杆制成，立杆可直接插在上面，高度不可调。

② 立杆可调座

由 150mm×150mm×8mm 钢板和中心焊接螺杆并配手柄螺母制成，可调范围分别为 300mm、450mm 和 600mm 三种规格。

③ 立杆粗细调座

基本上同立杆可调座，只是可调方式不同，由 150mm×150mm×8mm 钢板、立杆管、螺管、手柄螺母等制成，只有 0.60m 一种规格。

（2）辅助构件

用于作业面及附壁拉结等的杆部件，按其用途可分成 3 类。

1）用于作业面的辅助构件

① 间横杆

为满足其他普通钢脚手板和木脚手板的需要而设计的构件，由 $\phi48\times3.5$、Q235 钢管两端焊接"∩"形钢板制成，可搭设于主架横杆之间的任意部位，用以减小支承间距或支撑挑头脚手板。有 0.9m、1.2m、(1.2＋0.3)m 和 (1.2＋0.6)m 四种规格。

② 脚手板

配套设计的脚手板由 2mm 厚钢板制成，宽度为 270mm，其面板上冲有防滑孔，两端焊有挂钩可牢靠地挂在横杆上，不会滑动。有 1.2m、1.5m 和 1.8m 三种规格。

③ 斜道板

用于搭设车辆及行人栈道，只有一种规格，坡度为 1：3，由 2mm 厚钢板制成，宽度为 540mm，长度为 1897mm，上面焊有防滑条。

④ 挡脚板

挡脚板可设在作业层外侧边缘相邻两立杆间，以防止作业人员踏出脚手架。用 2mm 厚钢板制成。有 1.2m、1.5m、1.8m 三种规格。

⑤ 挑梁

为扩展作业平台而设计的构件，有窄挑梁和宽挑梁。窄挑梁由一端焊有横杆接头的钢管制成，悬挑宽度为 0.3m，可在需要位置与碗扣接头连接。宽挑梁由水平杆、斜杆、垂直杆组成，悬挑宽度为 0.6m，也是用碗扣接头同脚手架连成一整体，其外侧垂直杆上可再接立杆。

⑥ 架梯

用于作业人员上下脚手架通道，由钢踏步板焊在槽钢上制成，两端有挂钩，可牢固地挂在横杆上，有一种规格（JT—

255）。其长度为 2546mm，宽度为 540mm，可在 1.8mm×1.8m 框架内架设。普通 1.2m 廊道宽的脚手架刚好装两组，可成折线上升，并可用斜杆、横杆作栏杆扶手。

2）用于连接的辅助构件

① 立杆连接销

立杆之间连接的销定构件，为弹簧钢销扣结构，由 $\phi 10$ 钢筋制成，有一种规格（LLX）。

② 直角撑

为连接两交叉的脚手架而设计的构件，由 $\phi 48 \times 3.5$、Q235 钢管一端焊接横杆接头，另一端焊接"∩"形卡制成，有一种规格（ZJC）。

③ 连墙撑

连墙撑是使脚手架与建筑物的墙体结构等牢固连接，加强脚手架抵御风荷载及其他水平荷载的能力，防止脚手架倒塌且增强稳定承载力的构件。为便于施工，分别设计了碗扣式连墙撑和扣件式连墙撑两种型式。其中碗扣式连墙撑可直接用碗扣接头同脚手架连在一起，受力性能好；扣件式连墙撑是用钢管和扣件同脚手架相连，位置可随意设置，不受碗扣接头位置的限制，使用方便。

④ 高层卸荷拉结杆

高层脚手架卸荷专用构件，由预埋件、拉杆、索具螺旋扣、管卡等组成，其一端用预埋件固定在建筑物上，另一端用管卡同脚手架立杆连接，通过调节中间的索具螺旋扣，把脚手架吊在建筑物上，达到卸荷目的。

3）其他用途辅助构件

① 立杆托撑

插入顶杆上端，用做支撑架顶托，以支撑横梁等承载物。由"∪"形钢板焊接连接管制成，有一种规格（LTC）。

② 立杆可调托撑

作用同立杆托撑，只是长度可调，有一种规格长 0.6m，可调范围为 0～600mm。

③ 横托撑

用做重载支撑架横向限位，或墙模板的侧向支撑构件。由 $\phi 48 \times 3.5$、Q235 钢管焊接横杆接头，并装配托撑组成，可直接用碗口接头同支撑架连在一起，有一种规格（HTC），长度为 400mm。也可根据需要加工。

④ 可调横托撑

把横托撑中的托撑换成可调托撑（或可调底座）即成可调横托撑，可调范围为 0～300mm，有一种规格（KHC-30）。

⑤ 安全网支架

固定于脚手架上，用以绑扎安全网的构件。由拉杆和撑杆组成，可直接用碗扣接头连接固定，有一种规格（AWJ）。

（3）专用构件

用做专门用途的构件，共有 4 类。

1）支撑柱专用构件

由 0.3m 长横杆和立杆、顶杆连接可组成支撑柱，作为承重构杆单独使用或组成支撑柱群。为此，设计了支撑柱垫座、支撑柱转角座和支撑柱可调座等专用构件。

① 支撑柱垫座

安装于支撑柱底部，均匀传递其荷载的垫座。由底板、筋板和焊于底板上的四个柱销制成，可同时插入支撑柱的四个立杆内，从而增强支撑柱的整体受力性能。

② 支撑柱转角座

作用同支撑柱垫座，但可以转动，使支撑柱不仅可用做垂直方向支撑，而且可以用做斜向支撑。其可调偏角为 ±10°。

③ 支撑柱可调座

对支撑柱底部和顶部均适用，安装于底部作用同支撑柱垫座，但高度可调，可调范围为 0～300mm；安装于顶部即为可调托撑，同立杆可调托撑不同的是它作为一个构件需要同时插入支撑柱 4 根立杆内，使支撑柱成为一体。

2）提升滑轮

为提升小物料而设计的构件，与宽挑梁配套使用。由吊柱、吊架和滑轮等组成，其中吊柱可直接插入宽挑梁的垂直杆中固定，有一种规格（THL）。

3）悬挑架

为悬挑脚手架专门设计的一种构件，由挑杆和撑杆等组成。挑杆和撑杆用碗扣接头固定在楼内支承架上，可直接从楼内挑出。在其上搭设脚手架，不需要埋设预埋件。挑出脚手架宽度设计为0.9m。

4）爬升挑梁

为爬升脚手架而设计的一种专用构件，可用它作依托，在其上搭设悬空脚手架，并随建筑物升高而爬升。由$\phi 48 \times 3.5$、Q235钢管、挂销、可调底座等组成，爬升脚手架宽度为0.9m。

3. 构配件材料的质量要求

碗扣式钢管脚手架的杆件，均采用Q235A钢制作的$\phi 48$钢管，在立杆上每隔600mm安装一套碗扣接头，下碗扣焊在钢管上，上碗扣套在钢管上。横杆和斜杆两端的接头等均采用焊接工艺。其构配件材料的质量应符合现行国家标准的有关规定。

钢管应符合《直缝电焊钢管》GB/T 13793—2008或《低压流体输送用焊接钢管》GB/T 3091—2008中的Q235A级普通钢管，其材质性能应符合《碳素结构钢》GB/T 700—2006的规定。

上碗扣、可调底座及可调托撑螺母应采用可锻铸铁或铸钢制造，其材料机械性能应符合《可锻铸铁件》GB/T 9440—2010中KTH330-08及《一般工程用铸造碳钢件》GB/T 11352—2009中ZG270-500的规定。

下碗扣、横杆接头、斜杆接头应采用碳素铸钢制造，其材料机械性能应符合《一般工程用铸造碳钢件》GB/T 11352—2009中ZG230-450的规定。

采用钢板热冲压整体成型的下碗扣，钢板应符合《碳素结构钢》GB/T 700—2006 标准中 Q235A 级钢的要求，板材厚度不得小于 6mm，并经 600～650℃的时效处理。严禁利用废旧锈蚀钢板改制。

构配件的外观质量要求应满足以下要求：

（1）钢管应平直光滑、无裂纹、无锈蚀、无分层、无结巴、无毛刺等，不得采用横断面接长的钢管。

（2）铸造件表面应光整，不得有砂眼、缩孔、裂纹、浇冒口残余等缺陷，表面粘砂应清除干净。

（3）冲压件不得有毛刺、裂纹、氧化皮等缺陷。

（4）焊接质量要求焊缝应饱满，焊药应清除干净，不得有未焊透、夹砂、咬肉、裂纹等缺陷。

（5）构配件防锈漆涂层应均匀，附着应牢固。

（6）主要构配件上的生产厂标识应清晰。

（7）可调配件的螺纹部分应完好、无滑丝、无严重锈蚀，焊缝无脱开等。

（8）脚手板、斜脚手板以及梯子等构件的挂钩及面板应无裂纹，无明显变形，焊接应牢固。

另外，主要构配件的制作质量和形位公差要求，应符合规范规定。其他材料的质量要求同扣件式钢管脚手架。

（二）落地碗扣式钢管脚手架搭设

1. 碗扣式钢管脚手架的组合类型与适用范围

碗扣式钢管脚手架可方便地搭设单、双排外脚手架，拼拆快速，特别适合于搭设曲面脚手架和高层脚手架。

双排碗扣式钢管脚手架，一般立杆横距（即脚手架廊道宽度）1.2m，步距 1.8m，立杆纵距根据建筑物结构、脚手架搭设高度及荷载等具体要求确定，可选用 0.9m、1.2m、1.5m、1.8m 和 2.4m 等多种尺寸。按施工作业要求与施工荷载的不同，可组合成轻型架、普通型架和重型架三种形式，它们的组架构造尺寸及适用范围见表 4-2 所列。

碗扣式双排钢管脚手架组合形式　　　　　　　表 4-2

脚手架型式	立杆横距（m）×立杆纵距（m）×横杆步距（m）	适用范围
轻型架	1.2×2.4×1.8	装修、维护等作业
普通型架	1.2×1.5（或 1.8）×1.8	砌墙、模板工程等结构施工，最常用
重型架	1.2×0.9（或 1.2）×1.8	重载作业或高层外脚手架中的底部架

对于高层脚手架，为了提高其承载能力和搭设高度，可以采取上、下分段，每段立杆纵距不等的组架方式，如图 4-4 所示。下段立杆纵距用 0.9m 或 1.2m，上段用 1.8m 或 2.4m。即每隔一根立杆取消一根，用 1.8m 或 2.4m 的横杆取代 0.9m 或 1.2m 横杆。

单排碗扣式钢管脚手架单排横杆长度有 1.4m（DHG-

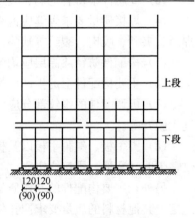

图 4-4　分段组架布置

140）和 1.8m（DHF180）两种，立杆与建筑物墙体之间的距离可根据施工具体要求在 0.7～1.5m 范围内调节。脚手架步距一般取 1.8m，立杆纵距则根据荷载选取。

单排碗扣式钢管脚手架按作业顶层荷载要求，可组合成Ⅰ、Ⅱ、Ⅲ三种形式，它们的组架构造尺寸及适用范围见表 4-3 所列。

2. 落地碗扣式钢管脚手架的主要尺寸及一般规定

为确保施工安全，对落地碗扣式钢管脚手架的搭设尺寸作了一般规定与限制，见表 4-4 所列。

碗扣式单排钢管脚手架组合型式 表 4-3

脚手架型式	立杆纵距（m）×横杆步距（m）	适用范围
Ⅰ 型架	1.8×0.8	一般外装修、维护等作业
Ⅱ 型架	1.2×1.2	一般施工
Ⅲ 型架	0.9×1.2	重载施工

碗扣式钢管脚手架搭设一般规定 表 4-4

序号	项目名称	规定内容
1	架设高度 H	$H{\leqslant}24m$ 普通架子按常规搭设； $H{>}24m$ 的脚手架必须做出专项施工方案并进行结构验算
2	荷载限制	砌筑脚手架 ${\leqslant}3.0kN/m^2$；装修架子为 $2.0kN/m^2$
3	基础做法	基础应平整、夯实，并有排水措施。立杆应设有底座，并用 0.05m×0.2m×2m 的木脚手板通垫； $H{>}40m$ 的架子应进行基础验算并确定铺垫措施
4	立杆纵距	一般为 1.2～1.5m。超过此值应进行验证
5	立杆横距	${\leqslant}1.2m$
6	步距高度	砌筑架子<1.2m；装修架子<1.8m
7	立杆垂直偏差	$H{\leqslant}30m$ 时，${\leqslant}1/500$ 架高；$H{>}30m$ 时，${\leqslant}1/1000$ 架高
8	小横杆间距	砌筑架子<lm；装修架子<1.5m
9	架高范围内垂直作业的要求	铺设板不超过3～4层，砌筑作业不超过1层，装修作业不超过2层
10	作业完毕后，横杆保留程度	靠立杆处的横向水平杆全部保留，其余可拆除
11	剪刀撑	沿脚手架转角处往里布置，每4～6根为一组，与地面夹角为45°～60°
12	与结构拉结	每层设置，垂直间距离<4.0m，水平间距离<4.0～6.0m
13	垂直斜拉杆	在转角处向两端布置1～2个廊间

序号	项目名称	规定内容
14	护身栏杆	$H=1$m，并设 $h=0.25$m 的挡脚板
15	连接件	凡 $H>30$m 的高层架子，下部 $1/2H$ 均用齿形碗扣

注：1. 脚手架的宽度一般取 1.2m；跨度 l 常用 1.5m；架高 $H\leqslant20$m 的装修脚手架，l 亦可取 1.8m；$H>40$m 时，l 宜取 1.2m。

2. 搭设高度 H 与主杆纵横间距有关：当立杆纵向、横向间距为 1.2m×1.2m 时，架高 H 应控制在 60m 左右；为 1.5m×1.2m 时，架高 H 不宜超过 50m。

3. 落地碗扣式钢管脚手架组架构造与搭设

落地碗扣式钢管脚手架应从中间向两边搭设，或两层同时按同一方向进行搭设，不得采用两边向中间合拢的方法搭设。否则中间的杆件会因为误差而难以安装。

双排脚手架的搭设顺序为：

安放立杆底座或立杆可调底座→树立杆、安放扫地杆→安装底层（第一步）横杆→安装斜杆→接头销紧→铺放脚手板→安装上层立杆→紧立杆连接销→安装横杆→设置连墙件→设置人行梯→设置剪刀撑→挂设安全网。

（1）树立杆、安放扫地杆

根据脚手架施工方案处理好地基后，在立杆的设计位置放线，即可安放立杆垫座或可调底座，并树立杆。

为避免立杆接头处于同一水平面上，在平整的地基上脚手架底层的立杆应选用 3.0m 和 1.8m 两种不同长度的立杆互相交错、参差布置。以后在同一层中采用相同长度的同一规格的立杆接长。到架子顶部时再分别用 1.8m 和 3.0m 两种不同长度的立杆找齐。

在地势不平的地基上，或者是高层及重载脚手架应采用立杆可调底座，以便调整立杆的高度。当相邻立杆地基高差小于 0.60m 时，可直接用立杆可调座调整立杆高度，使立杆处于同一水平面内；当相邻立杆地基高差大于 0.6m 时，则先调整立杆节间〔即对于高差超过 0.6m 的地基，立杆相应增长一个节间（0.60m）〕，使同一层高差小于 0.6m，再用立杆可调座调整高度，使其处于同一水平面内（图 4-5）。

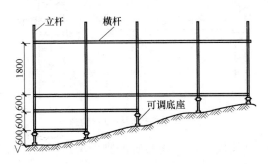

图 4-5 地基不平时立杆及其底座的设置

在树立杆时应及时设置扫地杆，将所树立杆连成一整体，以保证立杆的整体稳定性。立杆同横杆的连接是靠碗扣节点锁定，连接时，先将立杆上碗扣滑至限位销以上并旋转，使其搁在限位销上，将横杆接头插入立杆下碗扣，待应装横杆接头全部装好后，落下上碗扣并予以顺时针旋转锁紧。

底部纵、横向横杆作为扫地杆，距地面高度应小于或等于 350mm，严禁施工中拆除。

（2）安装底层（第一步）横杆

碗扣式钢管脚手架的步距为 600mm 的倍数，一般采用 1.8m，只有在荷载较大或较小的情况下，才采用 1.2m 或 2.4m。

横杆与立杆的连接安装方法同上。

单排碗扣式脚手架的单排横杆一端焊有横杆接头，可用碗扣接头与脚手架连接固定，另一端带有活动夹板，将横杆与建筑结构整体夹紧，构造如图 4-6 所示。

碗扣式钢管脚手架的底层组架最为关键，其组装的质量直接影响到整架的质量，因此，要严格控制搭设质量。当组装完两层横杆（即安装完第一步横杆）后，应进行下列检查：

1）检查并调整水平框架（同一水平面上的四根横杆）的直

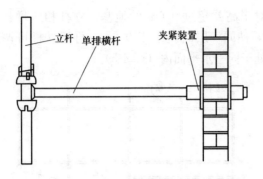

图 4-6 单排横杆设置构造

角度和纵向直线度（对曲线布置的脚手架应保证立杆的正确位置）。直线度偏差应小于 $L/200$。

2）检查横杆的水平度，并通过调整立杆可调座使横杆间的水平偏差小于 $1/400L$。

3）逐个检查立杆底脚，并确保所有立杆不能有浮地松动现象。

4）当底层架子符合搭设要求后，检查所有碗扣接头，并予以锁紧。

在搭设过程中，应随时注意检查上述内容，并调整。

（3）安装斜杆和剪刀撑

斜杆可增强脚手架结构的整体刚度，提高其稳定承载能力。可采用碗扣式钢管脚手架配套的系列斜杆，也可以用钢管和扣件代替。

当采用碗扣式系列斜杆时，斜杆同立杆连接的节点可装成节点斜杆（即斜杆接头与横杆接头装在同一碗扣节点内）或非节点斜杆（即斜杆接头与横杆接头不装在同一碗扣节点内）。一般斜杆应尽可能设置在框架节点上。若斜杆不能设置在节点上时，应呈错节布置，装成非节点斜杆，如图 4-7 所示。

利用钢管和扣件安装斜杆时，斜杆的设置更加灵活，可不受碗扣接头内允许装设杆件数量的限制。特别是设置大剪刀撑，包括安装竖向剪刀撑、纵向水平剪刀撑时，还能使脚手架的受力性能得到改善。

1）横向斜杆（廊道斜杆）

在脚手架横向框架内设置的斜杆称为横向斜杆（廊道斜杆）。由于横向框架失稳是脚手架的主要破坏形式，因此，设置横向斜杆对于提高脚手架的稳定强度尤为重要。

对于一字形及开口形脚手架，应在两端横向框架内沿全高连续设置节点斜杆；高度 30m 以下的脚手架，中间可不设横向斜杆；30m 以上的脚手架，中间应每隔 5～6 跨设一道沿全高连续设置的横向斜杆；高层建筑脚手架和重载脚手架，除按上述构造要求设置横向斜杆外，荷载≥25kN 的横向平面框架应增设横向斜杆。

用碗扣式斜杆设置横向斜杆时，在脚手架的两端框架可设置节点斜杆（图 4-8a），中间框架只能设置成非节点斜杆（图4-8b）。

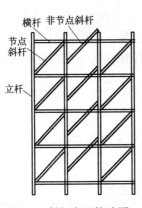

图 4-7　斜杆布置构造图

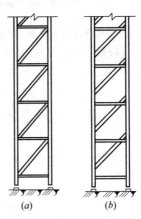

图 4-8　横向斜杆的设置

当设置高层卸荷拉结杆时，必须在拉结点以上第一层加设横向水平斜杆，以防止水平框架变形。

2）纵向斜杆（专用外斜杆）

双排脚手架专用外斜杆应设置在有纵、横向横杆的碗扣节点上。

在封圈的脚手架拐角边缘及一字形脚手架端部，必须设置竖向通高斜杆。脚手架高度≤24m时，每隔5跨设置一组竖向通高斜杆；脚手架高度＞24m时，每隔3跨设置一组竖向通高斜杆（图4-9）。纵向斜杆必须对称布置。当斜杆临时拆除时，拆除前应在相邻立杆间设置相同数量的斜杆。

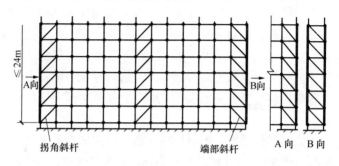

图4-9 专用外斜杆设置示意

当采用钢管扣件做斜杆时应符合下列规定：

① 斜杆应每步与立杆扣接，扣接点距碗扣节点的距离宜小于等于150mm；当出现不能与立杆扣接的情况时亦可采取与横杆扣接，扣件拧紧力矩为40～65N·m。

② 纵向斜杆应在全高方向设置成八字形且内外对称，斜杆间距不应大于2跨（图4-10）。

脚手架中设置纵向斜杆的面积与整个架子面积的比值要求见表4-5所列。

纵向斜杆布置数量   表4-5

架高	＜30m	30～50m	＞50m
设置要求	＞1/4	＞1/3	＞1/2

3）竖向剪刀撑

竖向剪刀撑的设置应与纵向斜杆的设置相配合。

高度在30m以下的脚手架，可每隔4～6跨设一道沿全高连

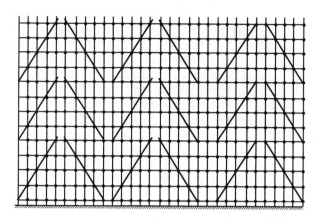

图 4-10 钢管扣件做斜杆设置图

续设置的剪刀撑，每道剪刀撑跨越 5～7 根立杆，设剪刀撑的跨内可不再设碗扣式斜杆。

30m 以上的高层建筑脚手架，应沿脚手架外侧及全高方向连续布置剪刀撑，在两道剪刀撑之间设碗扣式纵向斜杆，其设置构造如图 4-11 所示。

4）纵向水平剪刀撑

纵向水平剪刀撑可增强水平框架的整体性和均匀传递连墙撑的作用。30m 以上的高层建筑脚手架应每隔 3～5 步架设置

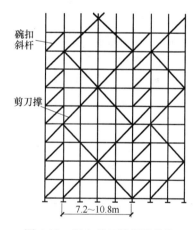

图 4-11 竖向剪刀撑设置构造

一层连续、闭合的纵向水平剪刀撑，如图 4-12 所示。

（4）设置连墙件（连墙撑）

连墙撑是脚手架与建筑物之间的连接件，除防止脚手架倾倒，承受偏心荷载和水平荷载作用外，还可加强稳定约束、提高脚手架的稳定承载能力。

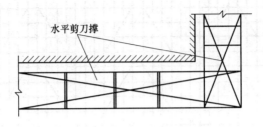

图 4-12　纵向水平剪刀撑布置

1）连墙件构造

连墙件的构造有以下 3 种：

① 砖墙缝固定法

砌筑砖墙时，预先在砖缝内埋入螺栓，然后将脚手架框架用连结杆与其相连（图 4-13a）。

② 混凝土墙体固定法

按脚手架施工方案的要求，预先埋入钢件，外带接头螺栓，脚手架搭到此高度时，将脚手架框架与接头螺栓固定（图 4-13b）。

③ 膨胀螺栓固定法

在结构物上，按设计位置用射枪射入膨胀螺栓，然后将框架与膨胀螺栓固定（图 4-13c）。

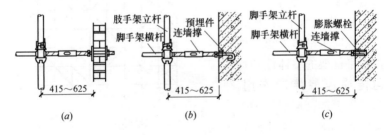

图 4-13　连墙件构造

2）连墙件设置要求

① 连墙件必须随脚手架的升高，在规定的位置上及时设置，不得在脚手架搭设完后补安装，也不得任意拆除。

② 连墙件应呈水平设置，当不能呈水平设置时，与脚手架

连接的那一端应下斜连接。

③ 在建筑物的每一楼层都必须设置连墙件。每层连墙件应在同一平面，其位置应由建筑结构和风荷载计算确定，且水平间距应不大于 4.5m。

④ 连墙件应设置在有横向横杆的碗扣节点处，同脚手架、墙体保持垂直。偏角范围≤15°。当采用钢管扣件做连墙件时，连墙件应采用直角扣件与立杆连接，连接点距距离应≤150mm。

⑤ 连墙杆应采用可承受拉、压荷载的刚性结构。连接应牢固可靠。

⑥ 连墙件的布置尽量采用梅花形布置，相邻两点的垂直间距≤4.0m，水平距离≤4.5m。

⑦ 当脚手架高度超过 24m 时，顶部 24m 以下所有的连墙杆层必须设置水平斜杆。水平斜杆应设置在纵向横杆之下。

⑧ 一般情况下，对于高度在 30m 以下的脚手架，连墙件可按四跨三步设置一个（约 40m²）。对于高层及重载脚手架，则要适当加密，50m 以下的脚手架至少应三跨三步布置一个（约 25m²）；50m 以上的脚手架至少应三跨二步布置一个（约 20m²）。单排脚手架要求在二跨三步范围内设置一个。

⑨ 凡设置宽挑梁、提升滑轮、高层卸荷拉结杆及物料提升架的地方均应增设连墙件。

⑩ 凡在脚手架设置安全网支架的框架层处，必须在该层的上、下节点各设置一个连墙件，水平每隔两跨设置一个连墙件。

⑪连墙件安装时，要注意调整脚手架与墙体间的距离，使脚手架保持垂直，严禁向外倾斜。

（5）脚手板安放

脚手板可以使用碗扣式脚手架配套设计的钢制脚手板时，也可使用其他普通脚手板。

配套的钢脚手板必须有挂钩，并带有自锁装置。脚手板两端的挂钩必须完全落入横杆上锁紧，才能牢固地挂在横杆上，严禁浮放。

当脚手板使用普通的冲压钢板脚手板、木脚手板、竹串片脚手板时，横杆应配合间横杆一块使用，即在未处于构架横杆上的脚手板端加设间横杆作支撑，两端必须与脚手架横杆连接牢靠，以减少前后窜动。脚手板探头长度应小于或等于150mm。

作业层的脚手板必须铺满、铺实，外侧应设180mm挡脚板及1.2m高两道防护栏杆，即在立杆的0.6m和1.2m的碗扣接头处搭设两道。作业层下的水平安全网应符合《建筑施工安全检查标准》JGJ 59的规定。

除在作业层及其下面一层要满铺脚手板外，还必须沿高度每10m设置一层，以防止高空坠物伤人和砸碰脚手架框架。当架设梯子时，在每一层架梯拐角处铺设脚手板作为休息平台。

（6）接立杆

立杆的接长是靠焊于立杆顶部的连接管承插而成。立杆插好后，使上部立杆底端连接孔同下部立杆顶部连接孔对齐，插入立杆连接销锁定即可。

安装横杆、斜杆和剪刀撑，重复以上操作，并随时检查、调整脚手架的垂直度。

脚手架的垂直度一般通过调整底部的可调底座、垫薄钢片、调整连墙件的长度等来达到。

（7）人行通道和人行架梯安装

1）人行通道安装

作为行人或小车推行的栈道，一般规定在1.8m跨距的脚手架上使用，坡度为≤1：3，在斜道板框架两侧设置横杆和斜杆作为扶手和护栏，而在斜脚手板的挂钩点（图中A、B、C、D处）必须增设横杆，通道可折线上升，其布置如图4-14所示。

2）人行架梯安装

人行架梯设在1.8m×1.8m的框架内，上面有挂钩，可以直接挂在横杆上。

架梯宽为540mm，一般在1.2m宽的脚手架内布置两个成折线形架设上升，在脚手架靠梯子一侧安装斜杆和横杆作为扶

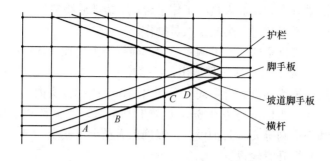

图 4-14　人行通道设置

手。人行架梯转角处的水平框架上应铺脚手板作为平台,立面框架上安装横杆作为扶手,如图 4-15 所示。

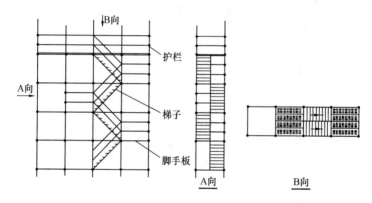

图 4-15　人行梯架设置示意图

（8）挑梁和简易爬梯的设置

脚手架内立杆与建筑物距离应≤150mm,当该距离＞150mm 时,或者当遇到某些建筑物有倾斜或凹进凸出时,按脚手架离建筑物间距及荷载选择在脚手架内侧或外侧按需要分别选用窄挑梁或宽挑梁设置作业平台。

窄挑梁上可铺设一块脚手板;宽挑梁上可铺设两块脚手板,其外侧立柱可用立杆接长,并通过横杆与脚手架连接,以便装防护栏杆和安全网。

挑梁只作为作业人员的工作平台，严禁堆放物料。在一跨挑梁范围内不得超过一名施工人员操作。

在设置挑梁的上、下两层框架的横杆层上要加设连墙撑，如图4-16所示。挑梁应单层挑出，严禁增加层数。

把窄挑梁连续设置在同一立杆内侧每个碗扣接头内，可组成简易爬梯，爬梯步距为0.6m，设置时在立杆左右两跨内要增护栏杆和安全网等安全防护设施，以确保人员上下安全。

（9）提升滑轮设置

随着建筑物的逐渐升高，不方便运料时，可采用物料提升滑轮来提升小物料及脚手架物件，其提升重量应不超过100kg。提升滑轮要与宽挑梁配套使用。使用时，将滑轮插入宽挑梁垂直杆下端的固定孔中，并用销钉锁定即可，其构造如图4-17所示。在设置提升滑轮的相应层加设连墙撑。

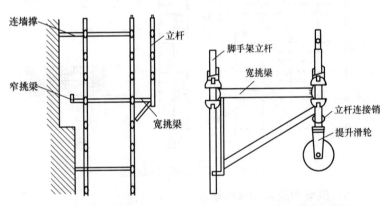

图4-16 挑梁设置构造　　　　图4-17 提升滑轮布置构造

（10）安全网、扶手防护设置

一般沿脚手架外侧要满挂封闭式安全网（立网），并应与脚手架立杆、横杆绑扎牢固，绑扎间距应不大于0.3m。根据规定在脚手架底部和层间设置水平安全网。碗扣式脚手架配备有安全网支架，可直接用碗扣接头固定在脚手架上，安装极方便，其结构布置如图4-18所示。扶手设置参考扣件式脚手架。

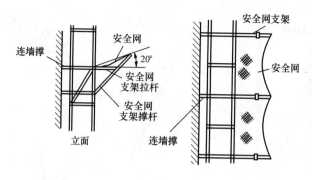

图 4-18　挑出安全网布置

（11）高层卸荷拉结杆设置

高层卸荷拉结杆主要是为减轻脚手架荷载而设计的一种构件，其设置依脚手架高度和荷载而定，一般每 30m 高卸荷一次。但总高度在 50m 以下的脚手架可不用卸荷。

卸荷层应将拉结杆同每一根立杆连接卸荷，设置时，将拉结杆一端用预埋件固定在墙体上，另一端固定在脚手架横杆层下碗扣底下，中间用索具螺旋调节拉力，以达到悬吊卸荷目的，其构造型式如图 4-19 所示。卸荷层要设置水平廊道斜杆，以增强水平框架刚度。此外，还应用横托撑同建筑物顶紧，且其上、下两层均应增设连墙撑。

（12）直角交叉

对一般方形建筑物的外脚手架在拐角处两直角交叉的排架要连在一起，以增强脚手架的整体稳定性。

连接形式有两种：一种是直接拼接法，即当两排脚手架刚好整框垂直相交时，可直接将两垂直方向的横杆连接在一碗扣节点内，从而将两排脚手架连在一起，构造如图 4-20 (a) 所示；另一种是直角撑搭接法，当受建筑物尺寸限制，两垂直方向脚手架非整框垂直相交时，可用直角撑 ZJC 实现任意部位的直角交叉。连接时将一端同脚手架横杆装在同一接头内，另一端卡在相垂直的脚手架横杆上，如图 4-20 (b) 所示。

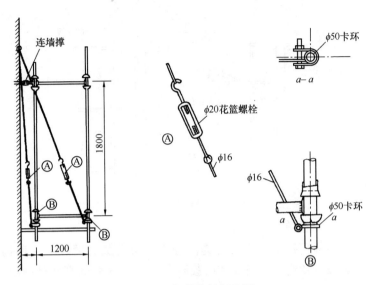

图 4-19　卸荷拉结杆布置

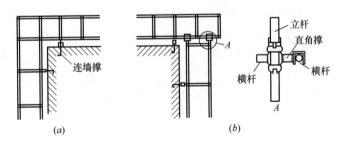

图 4-20　直角交叉构造

(a) 直接拼接；(b) 直角撑搭接

（13）曲线布置

同一碗扣节点内，横杆接头可以插在下碗扣的任意位置，即横杆方向任意。因此，可进行曲线布置。

双排碗扣式脚手架两横杆轴线最小夹角为 $75°$，内、外排用同样长度的横杆可以实现 $0°\sim15°$ 的转角。转角相同时，不同长度的横杆所组成的曲线脚手架曲率半径也不同。内、外排用不同长度的横杆可以装成不同长度、不同曲率半径的曲线脚手架。曲率半径应大于 2.4m。

单排碗扣式脚手架最易进行曲线布置，横杆转角在 0°～30° 之间任意设置（即两纵向横杆之间的夹角为 150°～180°），特别适用于烟囱、水塔、桥墩等圆形构筑物。当进行圆曲线布置时，两纵向横杆之间的夹角最小为 150°，故搭设成的圆形脚手架最少为 12 边形。

实际布架时，可根据曲线曲率及荷载要求，选择弦长（即纵向横杆长）和弦切角 θ（即横杆转角）。曲线脚手架的斜杆应用碗扣式斜杆，其设置密度应不小于整架的 1/4。对于截面沿高度变化的建筑物，可以用不同单排横杆以适应立杆至墙间距离的变化，其中 1.4m 单横杆，立杆至墙间距离由 0.7～1.1m 可调；1.8m 的单排横杆，立杆至墙间距离由 1.1～1.5m 可调。当这两种单排横杆不能满足要求时，可以增加其他任意长度的单排横杆，其长度可按两端铰接的简支梁计算设计。

（三）脚手架的检查、验收和使用安全管理

碗扣式钢管脚手架的搭设质量阶段性检查、验收和维护内容，验收文件，见第二章。经检查合格者方可验收交付使用。

落地碗扣式钢管脚手架搭设质量的检查、验收及使用安全管理，参照落地扣件式钢管脚手架相关规定。

施工现场进行安全检查时采用的检查评分表为《碗扣式钢管脚手架检查评分表》，见表 4-6 所列。

碗扣式钢管脚手架检查评分表 　　　表 4-6

序号	检查项目		扣分标准	应得分数	扣减分数	实得分数
1	保证项目	施工方案	未编制专项施工方案或未进行设计计算扣 10 分； 专项施工方案未按规定审核、审批或架体高度超过 50m 未按规定组织专家论证扣 10 分	10		

序号	检查项目		扣分标准	应得分数	扣减分数	实得分数
2	保证项目	架体基础	架体基础不平、不实，不符合专项施工方案要求扣10分； 架体底部未设置垫板或垫板的规格不符合要求扣10分； 架体底部未按规范要求设置底座每处扣1分； 架体底部未按规范要求设置扫地杆扣5分； 未设置排水措施扣8分	10		
3		架体稳定	架体与建筑结构未按规范要求拉结每处扣2分； 架体底层第一步水平杆处未按规范要求设置连墙件或未采用其他可靠措施固定每处扣2分； 连墙件未采用刚性杆件扣10分； 未按规范要求设置竖向专用斜杆或八字形斜撑扣5分； 竖向专用斜杆两端未固定在纵、横向水平杆与立杆汇交的碗扣结点处每处扣2分； 竖向专用斜杆或八字形斜撑未沿脚手架高度连续设置或角度不符合要求扣5分	10		
4		杆件锁件	立杆间距、水平杆步距超过规范要求扣10分； 未按专项施工方案设计的步距在立杆连接碗扣结点处设置纵、横向水平杆扣10分； 架体搭设高度超过24 m时，顶部24m以下的连墙件层未按规定设置水平斜杆扣10分； 架体组装不牢或上碗扣紧固不符合要求每处扣1分	10		
5		脚手板	脚手板未满铺或铺设不牢、不稳扣7～10分； 脚手板规格或材质不符合要求扣7～10分； 采用钢脚手板时挂钩未挂扣在横向水平杆上或挂钩未处于锁住状态每处扣2分	10		
6		交底与验收	架体搭设前未进行交底或交底未留有记录扣6分； 架体分段搭设分段使用未办理分段验收扣6分； 架体搭设完毕未办理验收手续扣6分； 未记录量化的验收内容扣5分	10		
		小计		60		

142

序号	检查项目		扣分标准	应得分数	扣减分数	实得分数
7	一般项目	架体防护	架体外侧未设置密目式安全网封闭或网间不严扣7~10分； 作业层未在外侧立杆的1.2m和0.6m的碗扣结点设置上、中两道防护栏杆扣5分； 作业层外侧未设置高度不小于180mm的挡脚板扣3分； 作业层未用安全平网双层兜底，且以下每隔10m未用安全平网封闭扣5分	10		
8		材质	杆件弯曲、变形、锈蚀严重扣10分； 钢管、构配件的规格、型号、材质或产品质量不符合规范要求扣10分	10		
9		荷载	施工荷载超过设计规定扣10分； 荷载堆放不均匀每处扣5分	10		
10		通道	未设置人员上下专用通道扣10分； 通道设置不符合要求扣5分	10		
		小计		40		
检查项目合计				100		

碗扣式钢管脚手架使用期间，严禁擅自拆除架体结构杆件，如需拆除必须经修改施工方案并报请原方案审批人批准，确定补救措施后方可实施。

（四）碗扣式钢管脚手架的拆除、保管和整修保养

碗扣式钢管脚手架的拆除安全技术要求同扣件式钢管脚手架。

连墙件必须在双排脚手架拆到该层时方可拆除，严禁提前

拆除。

　　脚手架采取分段、分立面拆除时，必须事先确定分界处的技术处理方案。

　　拆下的脚手架杆、配件，应及时检验、整修和保养，并按品种、规格、分类堆放，以便运输保管。

五、落地门式钢管外脚手架

门式钢管脚手架也称门形脚手架，属于框组式钢管脚手架的一种，是在20世纪80年代初由国外引进的一种多功能脚手架，是国际上应用最为普遍的脚手架之一。已形成系列产品，结构合理、承载力高，品种齐全，各种配件多达70多种。可用来搭设各种用途的施工作业架子，如外脚手架、里脚手架、活动工作台、满堂脚手架、梁板模板的支撑和其他承重支撑架、临时看台和观礼台、临时仓库和工棚以及其他用途的作业架子。

门式钢管脚手架的搭设高度，当两层同时作业的施工总荷载不超过 $3kN/m^2$ 时，可以搭设60m高；当为 $3\sim5kN/m^2$ 时，则限制在45m以下。

（一）主要杆配件材质规格

门式钢管脚手架是由门式框架（门架）、交叉支撑（十字拉杆）、连接棒、挂扣式脚手板、锁臂等组成基本结构（图5-1），再设置水平加固杆、剪刀撑、扫地杆、封口杆、托座与底座，并采用连墙件与建筑物主体结构相连的一种标准化钢管脚手架，如图5-2所示。

门架之间的连接，在垂直方向使用连接棒和锁

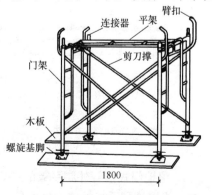

图 5-1　门式钢管脚手架的基本组合单元

145

臂接高，在脚手架纵向使用交叉支撑连接门架立杆，在架顶水平面使用水平架或挂扣式脚手板。这些基本单元相互连接，逐层叠高，左右伸展，再设置水平加固件、剪刀撑及连墙件等，便构成整体门式脚手架。

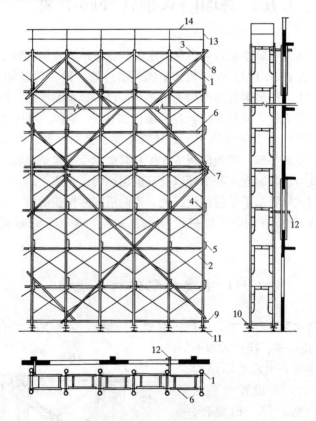

图 5-2　门式钢管脚手架的组成

1—门架；2—交叉支撑；3—脚手板；4—连接棒；5—锁臂；6—水平架；
7—水平加固杆；8—剪刀撑；9—扫地杆；10—封口杆；11—底座；
12—连墙件；13—栏杆；14—扶手

1. 落地门式钢管外脚手架的主要杆配件

门式钢管脚手架的主要杆配件有：

（1）门架

门式钢管脚手架的主要构件，由立杆、横杆及加强杆焊接组成，有多种不同形式。图 5-3 中带"耳"形加强杆的形式已得到广泛应用，成为门架典型的形式，主要用于构成脚手架的基本单元。典型的标准型门架的宽度为 1.219m，高度有 1.9m 和 1.7m。门架的重量，当使用高强薄壁钢管时为 13～16kg；使用普通钢管时为 20～25kg。典型的标准型门架的几何尺寸及杆件规格见表 5-1 所列。

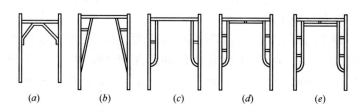

(a)　　　　(b)　　　　(c)　　　　(d)　　　　(e)

图 5-3　门架的形式

典型的门架几何尺寸及杆件规格　　　　表 5-1

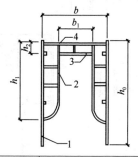

1—立杆；
2—立杆加强杆；
3—横杆；
4—横杆加强杆

门架代号		MF1219	
门架几何尺寸（mm）	h_2	80	100
	h_0	1830	1800
	b	1218	1200
	b_1	750	800
	h_1	1536	1550

门架代号		MF1219	
杆件 外径 壁厚 (mm)	1	$\phi42.0\times2.5$	$\phi48.0\times8.5$
	2	$\phi26.8\times2.5$	$\phi26.8\times2.5$
	3	$\phi42.0\times2.5$	$\phi48.0\times3.5$
	4	$\phi26.8\times2.5$	$\phi26.8\times2.5$

　　简易门架的宽度较窄，用于窄脚手板。窄形门架的宽度只有
0.6m 或 0.8m，高度为 1.7m，如图 5-4(b) 所示，主要用于装
修、抹灰等轻作业。

　　调节门架主要用于调节门架竖向高度，以适应作业层高度变
化时的需要。调节门架的宽度和门架相同，高度有 1.5m、
1.2m、0.9m、0.6m、0.4m 等几种，它们的形式如图 5-4(c)

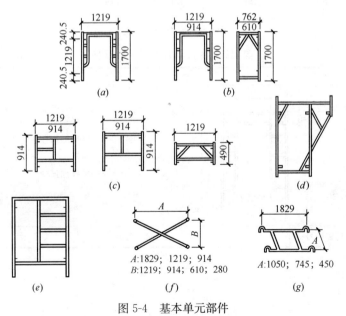

图 5-4　基本单元部件

(a) 标准门架；(b) 简易门架；(c) 调节门架；(d) 连接门架；

(e) 扶梯门架；(f) 交叉支撑；(g) 水平架

所示。

连接门架是连接上、下宽度不同门架之间的过渡门架。上窄下宽或上宽下窄，并带有斜支杆的悬臂支撑部分（图 5-4d）。可以上部宽度与窄形门架相同，下部与标准门架相同；也可以相反，如图 5-5 所示。

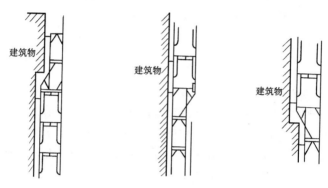

图 5-5　门架的连接过渡

扶梯门架可兼作施工人员上下的扶梯，如图 5-4（e）所示。

（2）门架配件

门式钢管脚手架的其他构件，包括交叉支撑、水平架、挂扣式脚手板、连接棒、锁臂、底座和托座等。

1）交叉支撑和水平架

交叉支撑和水平架的规格根据门架的间距来选择，一般多采用 1.8m。

交叉支撑是每两榀门架纵向连接的交叉拉杆。如图 5-4（f）所示，两根交叉杆件可绕中间连接螺栓转动，杆的两端有销孔。

水平架是在脚手架非作业层上代替脚手板而挂扣在门架横杆上的水平构件。由横杆、短杆和搭钩焊接而成，可与门架横杆自锚连接，构造如图 5-4（g）所示。

2）底座和托座

① 底座

底部门架立杆下端插放其中，传力给基础，扩大了立杆的底脚。底座有三种，如图5-6所示。

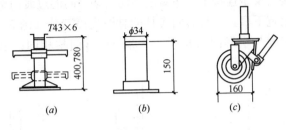

图5-6 底座

可调底座由螺杆、调节扳手和底板组成。固定底座，并且可以调节脚手架立杆的高度和脚手架整体的水平度、垂直度。可调高200～550mm，主要用于支模架以适应不同支模高度的需要，脱模时可方便地将架子降下来。用于外脚手架时，能适应不平的地面，可用其将各门架顶部调节到同一水平面上，如图5-6（a）所示。

简易底座由底板和套管两部分焊接而成，只起支承作用，无调高功能，使用它时要求地面平整，如图5-6（b）所示。

带脚轮底座多用于操作平台，以满足移动的需要，如图5-6（c）所示。

② 托座

托座有平板和U形两种，置于门架竖杆的上端，多带有丝杠以调节高度，主要用于支模架，如图5-7所示。

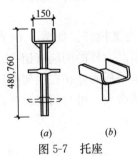

图5-7 托座

(a) 可调U形顶托；

(b) 简易U形顶托

3) 其他部件

其他部件有脚手板、梯子、扣墙器、栏杆、连接棒、锁臂和脚手板托架等，如图5-8所示。

挂扣式脚手板一般为钢脚手板，其两端带有挂扣，搁置在门架的横梁上并扣紧。在这种脚手架中，脚手还是加强

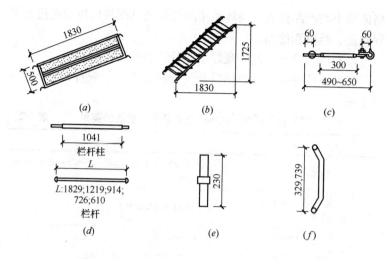

图 5-8　其他部件

(a) 钢脚手板；(b) 梯子；(c) 扣墙管；(d) 栏杆和栏杆柱；

(e) 连接棒；(f) 锁臂

脚手架水平刚度的主要构件，脚手架应每隔3～5层设置一层脚手板。

梯子为设有踏步的斜梯，分别扣挂在上下两层门架的横梁上。

扣墙器和扣墙管都是确保脚手架整体稳定的拉结件。扣墙器为花篮螺栓构造，一端带有扣件与门架竖管扣紧，另一端有螺杆锚入墙中，旋紧花篮螺栓，即可把扣墙器拉紧。扣墙管为管式构造，一端的扣环与门架拉紧，另一端为埋墙螺栓或夹墙螺栓，锚入或夹紧墙壁。

托架分定长臂和伸缩臂两种形式，可伸出宽度 0.5～1.0m，以适应脚手架距墙面较远时的需要。

小桁架（栈桥梁）用来构成通道。

连接扣件亦分三种类型：回转扣、直角扣和筒扣，每一种类型又有不同规格，以适应相同管径或不同管径杆件之间的连接。

2. 脚手架杆配件的质量和性能要求

门架及其配件的规格、性能和质量应符合现行行业产品标准《门式钢管脚手架》JG 13 的规定。新购门架及配件应有出厂合格证明书与产品标志。周转使用的门架及其配件应按规定进行类别判定、维修和使用。

（1）门架及配件的外观焊接质量及表面涂层的要求

门架及配件的外观焊接质量及表面涂层质量应符合表5-2所列要求。

门架及配件的外观焊接质量及表面涂层的要求　　表5-2

项目	内　容	要　求
外观要求	门架钢管	表面应无裂纹、凹陷、锈蚀，不得用接长钢管
	水平架、脚手板、钢梯的搭钩	应焊接或铆接牢固
	各杆件端头压扁部分	不得出现裂纹
	销钉孔、铆钉孔	应采用钻孔，不得使用冲孔
	脚手板、钢梯踏步板	应有防滑功能
尺寸要求	门架及配件尺寸	必须按设计要求确定
	锁销直径	不应小于13mm
	交叉支撑销孔孔径	不得大于16mm
	连接棒、可调底座的螺杆及固定底座的插杆	插入门架立杆中的长度不得小于95mm
	挂扣式脚手板、钢梯踏步板	厚度不小于1.2mm，搭钩厚度不应小于7mm
焊接要求	门架各杆件焊接	应采用手工电弧焊，若能保证焊接强度不降低，也可采用其他焊接方法
	门架立杆与横杆的焊接螺杆、插管与底板的焊接	必须采用周围焊接
	焊缝高度	不得小于2mm
	焊缝表面	应平整光滑，不得有漏焊、焊穿、裂缝和夹渣
	焊缝内气孔	气孔直径不应大于1.0mm，每条焊缝内的气孔数量不得超过2个
	焊缝立体金属咬肉	咬肉深度不得超过0.5mm，长度总和不应超过焊缝长度的10%

项目	内 容	要 求
表面涂层要求	门架	宜采用镀锌处理
	连接棒、锁臂、可调底座、脚手板、水平架和钢梯的搭钩	应采用表面镀锌处理，镀锌表面应光滑，连接处不得有毛刺、滴瘤和多余结块
	门架及其他未镀锌配件	不镀锌表面应刷涂、喷涂或浸涂防锈漆两道，面漆一道，也可采用磷化烤漆。油漆表面应均匀，无漏涂、流淌、脱皮、纹等缺陷

（2）连接钢管及扣件的质量要求

水平加固杆、封口杆、扫地杆、剪刀撑及脚手架转角处的连接杆等宜采用 $\phi42\times2.5$ 焊接钢管，也可采用 $\phi48\times3.5$ 焊接钢管。其材质在保证可焊性的条件下应符合现行国家标准《碳素结构钢》中 Q235A 钢的规定，相应的扣件规格也应分别为 $\phi42$、$\phi48$ 或 $\phi42$、$\phi48$。

钢管应平直，平直度允许偏差为管长的 1/500；两端面应平整，不得有斜口、毛口；严禁使用有硬伤（硬弯、砸扁等）及严重锈蚀的钢管。

扣件的性能质量应符合现行国家标准《钢管脚手架扣件》GB 15831 中有关规定。

（3）周转使用的脚手架构配件的质量类别判定及维修使用

脚手架在施工中经多次周转使用后，门架与配件难免会产生变形和损伤，为了确保门架及配件的正常使用功能和安全可靠性，应在每次使用前，首先经直观检查挑出需要鉴别的构配件，参照表 5-2～表 5-6 的标准，对门架及配件的外观、质量、变形、损伤、锈蚀程度等进行质量类别判定。

1）门架及配件的质量分类及处理规定

门架及配件按其质量状况可分为 A、B、C、D 四类。A 类——维修保养；B 类——更换修理；C 类——经性能试验确定类别；D 类——报废。具体为：

A类：有轻微变形损伤锈蚀。经清除粘附砂浆泥土等污物、除锈、重新油漆等保养工作后可继续使用。

B类：有一定程度变形或损伤（如弯曲、下凹），锈蚀轻微。应经矫正、平整、更换部件、修复、补焊、除锈、油漆等修理保养后继续使用。

C类：锈蚀较严重。应抽样进行荷载试验后确定能否使用。试验按现行行业产品标准《门式钢管脚手架》JG 13—1999 中的有关规定进行。经试验确定可使用者应按 B 类要求经修理保养后使用；不能使用者则按 D 类处理。

D类：有严重变形、损伤或锈蚀。不得修复，应报废处理。

其中，严重弯曲变形是指局部弯曲变形严重的死弯、硬弯，平整后仍有明显伤痕，会造成承载力严重削弱。

严重损伤、裂缝是指主要受力杆件（立杆、横杆等）有裂纹等，非主要部位、零件裂纹损伤严重，修复后仍不能满足正常使用。

锈蚀严重是指有贯穿孔洞，大面积片状锈蚀及经试验承载力严重降低。

门架及配件总数少于或等于 300 件时，C 类品中随机抽样的样本数量不得少于 3 件，总数大于 300 件时不得少于 5 件。

2) 门架及配件的质量类别判定

周转使用的门架及配件的质量类别应分别根据表 5-3～表 5-7 所列的规定进行判定。判定方法为：A 类为各项都符合 A 类标准；B 类为有 1 项及以上 B 类情况，但没有 C 类和 D 类情况；C 类为有 1 项及以上 C 类情况，但没有 D 类情况；D 类为有 1 项以上 D 类情况。

门架质量分类　　　　　　　　　　表 5-3

部位及项目		A 类	B 类	C 类	D 类
立杆	弯曲（门架平面外）	≤4mm	>4mm	—	—

部位及项目		A类	B类	C类	D类
立杆	裂纹	无	微小	—	有
	下凹	无	轻微	较严重	≥4mm
	壁厚	≥2.2mm	—	—	<2.2mm
	端面不平整	≤0.3mm	—	—	>0.3mm
	锁销损坏	无	损伤或脱落	—	—
	锁销间距	±1.5mm	>+1.5mm <-1.5mm	—	—
	锈蚀	无或轻微	有	较严重 (鱼鳞状)	深度≥0.3mm
	立杆(中-中)尺寸变形	±5mm	>+5mm <-5mm	—	—
	下部堵塞	无或轻微	较严重	—	—
	立杆下部长度	≤400mm	>400mm	—	—
横杆	弯曲	无或轻微	严重	—	—
	裂纹	无	轻微	—	有
	下凹	无或轻微	≤3mm	—	>3mm
	锈蚀	无或轻微	有	较严重	深度≥0.3mm
	壁厚	≥2mm	—	—	<2mm
加强杆	弯曲	无或轻微	有	—	—
	裂纹	无	有	—	—
	下凹	无或轻微	有	—	—
	锈蚀	无或轻微	有	较严重	深度≥0.3mm
其他	焊接脱落	无	轻微缺陷	严重	—

交叉支撑质量分类

表 5-4

部位及项目	A类	B类	C类	D类
弯曲	≤3mm	>3mm	—	—
端部孔周裂纹	无	轻微	—	严重

部位及项目	A类	B类	C类	D类
下凹	无或轻微	有	—	严重
中部铆钉脱落	无	有	—	—
锈蚀	无或轻微	有	—	严重

连接棒质量分类　　　　　表 5-5

部位及项目	A类	B类	C类	D类
弯曲	无或轻微	有	—	严重
锈蚀	无或轻微	有	较严重	深度≥0.2mm
凸环脱落	无	有	—	—
凸环倾斜	≤0.3mm	>0.3mm	—	—

可调底座、可调托座质量分类表　　　　　表 5-6

部位及项目		A类	B类	C类	D类
螺杆	螺牙活损	无或轻微	有	—	严重
	弯曲	无	轻微	—	严重
	锈蚀	无或轻微	有	较严重	严重
扳手、螺母	扳手断裂	无	轻微	—	—
	螺母转动困难	无	轻微	—	严重
	锈蚀	无或轻微	有	较严重	严重
底板	翘曲	无或轻微	有	—	—
	与螺杆不垂直	无或轻微	有	—	严重
	锈蚀	无或轻微	有	较严重	严重

脚手板质量分类表　　　　　表 5-7

部位及项目		A类	B类	C类	D类
脚手板	裂纹	无	轻微	较严重	严重
	下凹	无或轻微	有	较严重	严重
	锈蚀	无或轻微	有	较严重	深度≥0.2mm
	面板厚	≥1.0mm	—	—	<1.0mm

部位及项目		A类	B类	C类	D类
搭钩零件	裂纹	无	—	—	有
	锈蚀	无或轻微	有	较严重	深度≥0.2mm
	铆钉损坏	无	损伤、脱落	—	—
	弯曲	无	轻微	—	严重
	下凹	无	轻微	—	严重
	锁扣损坏	无	脱落、损伤	—	—
其他	脱焊	无	轻微	—	严重
	整体变形、翘曲	无	轻微	—	严重

门架及配件经挑选后，应按质量分类和判定方法分别做上标志。再经维修、保养、修理后必须标明"检验合格"的明显标志和检验日期，不得与未经检验和处理的门架及配件混放或混用。

（二）落地门式钢管外脚手架搭设

门式钢管脚手架的搭设应自一端延伸向另一端，由下而上按步架设，并逐层改变搭设方向，以减少架设误差。不得自两端同时向中间进行或相同搭设，以避免接合部位错位，难于连接。

脚手架的搭设速度应与建筑结构施工进度相配合，一次搭设高度不应超过最上层连墙杆三步，或自由高度不大于6m，以保证脚手架的稳定。

一般门式钢管脚手架的搭设顺序为：

铺设垫木（板）→拉线、安放底座→自一端起立门架并随即装交叉支撑（底步架还需安装扫地杆、封口杆）→安装水平架（或脚手板）→安装钢梯→（需要时，安装水平加固杆）→装设连墙杆→照上述步骤逐层向上安装→按规定位置安装剪刀撑→安装顶部栏杆→挂立杆安全网。

1. 铺设垫木（板）、安放底座

脚手架的基底必须平整坚实，并做好排水，确保地基有足够的承载能力，在脚手架荷载作用下不发生塌陷和显著的不均匀沉降。回填土地面必须分层回填，逐层夯实。落地式脚手架的基础根据土质和搭设高度，可按表5-8的要求进行处理。当土质与表中不符合时，应按现行国家标准《建筑地基基础设计规范》GB 50007 的有关规定经计算确定处理。

门式钢管脚手架地基基础要求 表 5-8

搭设高度 H (m)	地基土质		
	中低压缩性且压缩性均匀	回填土	高压缩性或压缩性不均匀
$H \leqslant 24$	夯实原土，干重力密度要求 15.5kN/m³。立杆底座置于面积不小于 0.075m² 的垫木上	土夹石或素土回填夯实，立杆底座置于面积不小于 0.1m² 垫木上	夯实原土，铺设宽度不小于 200mm 的通长垫木
$24 < H \leqslant 40$	垫木面积不小于 0.1m²，其余同上	砂夹石回填夯实，其余同上	夯实原土，在搭设地面满铺厚度不小于 150mm 的 C15 混凝土
$40 < H \leqslant 55$	垫木面积不小于 0.15m²，或铺通长垫木，其余同上	砂夹石回填夯实，垫木面积不小于 0.15m²，或铺通长垫木	夯实原土，在搭设地面满铺厚度不小于 200mm 的 C15 混凝土

注：垫木厚度不小于 50mm，宽度不小于 200mm；通长垫木的长度不小于 1500mm。

门架立杆下垫木的铺设方式：

当垫木长度为 1.6～2.0m 时，垫木宜垂直于墙面方向横铺。

当垫木长度为 4.0m 时，垫木宜平行于墙面方向顺铺。

2. 立门架、安装交叉支撑、安装水平架或脚手板

在脚手架的一端将第一榀和第二榀门架立在底座上后，纵向

立即用交叉支撑连接两榀门架的立杆，门架的内外两侧安装交叉支撑，在顶部水平面上安装水平架或挂扣式脚子板，搭成门式钢管脚手架的一个基本结构，如图 5-1 所示。以后每安装一榀门架，及时安装交叉支撑、水平架或脚手板，依次按此步骤沿纵向逐跨安装搭设。

搭设要求：

（1）门架

不同型号的门架与配件严禁混合使用；同一脚手架工程，不配套的门架与配件也不得混合使用。

门架立杆离墙面的净距不宜大于 150mm，大于 150mm 时，应采取内挑架板或其他防护的安全措施。不用三脚架时，门架的里立杆边缘距墙面约 50～60mm（图 5-9a）；用三脚架时，门架里立杆距墙面 550～600mm（图 5-9b）。

底步门架的立杆下端应设置固定底座或可调底座。

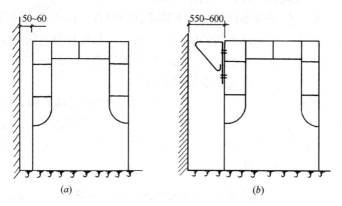

（a）　　　　　　　　　（b）

图 5-9　门架里立杆的离墙距离

（2）交叉支撑

门架的内外两侧均应设置交叉支撑，其尺寸应与门架间距相匹配，并应与门架立杆上的锁销销牢。

（3）水平架

在脚手架的顶层门架上部、连墙件设置层、防护棚设置层必须连续设置水平架。

脚手架高度 $H \leqslant 45m$ 时，水平架至少两步一设；$H > 45m$ 时，水平架应每步一设。不论脚手架高度，在脚手架的转角处，端部及间断处的一个跨距范围内，水平架均应每步一设。

水平架可由挂扣式脚手板或门架两侧的水平加固杆代替。

（4）脚手板

第一层门架顶面应铺设一定数量的脚手板，以便在搭设第二层门架时，施工人员可站在脚手板上操作。

在脚手架的操作层上应连续满铺与门架配套的挂扣式脚手板，并扣紧挂扣，用滑动挡板锁牢，防止脚手板脱落或松动。

采用一般脚手板时，应将脚手板与门架横杆用钢丝绑牢，严禁出现探头板。并沿脚手架高度每步设置一道水平加固杆或设置水平架，加强脚手架的稳定。

（5）安装封口杆、扫地杆

在脚手架的底步门架立杆下端应加封口杆、扫地杆。封口杆是连接底步门架立杆下端的横向水平杆件，扫地杆是连接底步门架立杆下端的纵向水平杆件。扫地杆应安装在封口杆下方。

（6）脚手架垂直度和水平度的调整

脚手架的垂直度（表现为门架竖管轴线的偏移）和水平度（架平面方向和水平方向）对于确保脚手架的承载性能至关重要（特别是对于高层脚手架）。门式脚手架搭设的垂直度和水平度允许偏差见表 5-9 所列。

门式钢管脚手架搭设的垂直度和水平度允许偏差　　　表 5-9

	项目	允许偏差（mm）
垂直度	每步架	$h/1000$ 及 ± 2.0
	脚手架整体	$H/600 \pm 50$
水平度	一跨距内水平架两端高差	$\pm l/600$ 及 ± 3.0
	脚手架整体	$\pm H/600$ 及 ± 50

注：h 为步距，H 为脚手架高度，l 为跨距。

其注意事项为：

严格控制首层门形架的垂直度和水平度。在装上以后要逐片地、仔细地调整好，使门架立杆在两个方向的垂直偏差都控制在 2mm 以内，门架顶部的水平偏差控制在 3mm 以内。随后在门架的顶部和底部用大横杆和扫地杆加以固定。搭完一步架后应按规范要求检查并调整其水平度与垂直度。接门架时上下门架立杆之间要对齐，对中的偏差不宜大于 3mm。同时注意调整门架的垂直度和水平度。另外，应及时装设连墙杆，以避免架子发生横向偏斜。

（7）转角处门架的连接

脚手架在转角之处必须做好连接和与墙拉结，以确保脚手架的整体性，处理方法为：在建筑物转角处的脚手架内、外两侧按步设置水平连接杆，将转角处的两门架连成一体（图 5-10）。水平连接杆必须步步设置，以使脚手架在建筑物周围形成连续闭合结构，或者利用回转扣直接把两片门架的竖管扣结起来。

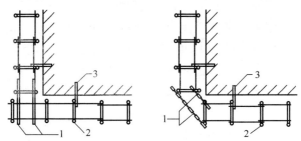

图 5-10 转角处脚手架连接
1—连接钢管；2—门架；3—连墙杆

水平连接杆钢管的规格应与水平面加固杆相同，以便于用扣件连接。

水平连接杆应采用扣件与门架立杆及水平加固杆扣紧。

另外，在转角处适当增加连墙件的布设密度。

3. 斜梯安装

作业人员上下脚手架的斜梯应采用挂扣式钢梯，钢梯的规格应与门架规格配套，并与门架挂扣牢固。

脚手架的斜梯宜采用"之"字形，一个梯段宜跨越两步或三步，每隔四步必须设置一个休息平台。斜梯的坡度应在30°以内（图5-11）。斜梯应设置护栏和扶手。

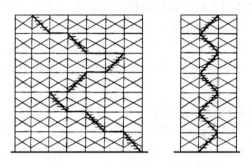

图 5-11　上人楼梯段的设置形式

4. 安装水平加固杆

门式钢管脚手架中，上、下门架均采用连接棒连接，水平杆件采用搭扣连接，斜杆采用锁销连接，这些连接方法的紧固性较差，致使脚手架的整体刚度较差，在外力作用下，极易发生失稳。因此必须设置一些加固件，以增强脚手架刚度。门式脚手架的加固件主要有：剪刀撑、水平加固杆件、扫地杆、封口杆、连墙件（图5-2），沿脚手架内外侧周围封闭设置。

水平加固杆是与墙面平行的纵向水平杆件。为确保脚手架搭设的安全，以及脚手架整体的稳定性，水平加固杆必须随脚手架的搭设同步搭设。

当脚手架高度超过20m时，为防止发生不均匀沉降，脚手架最下面3步可以每步设置一道水平加固杆（脚手架外侧），3步以上每隔4步设置一道水平加固杆，并宜在有连墙件的水平层连续设置，以形成水平闭合圈，对脚手架起环箍作用，增强脚手架的稳定性。水平加固杆采用 $\phi 48$ 钢管用扣件在门架立杆的内侧与立杆扣牢。

5. 设置连墙件

为避免脚手架发生横向偏斜和外倾，加强脚手架的整体稳定性、安全可靠性，脚手架必须设置连墙件。

连墙件的搭设按规定间距必须随脚手架搭设同步进行，不得漏设，严禁滞后设置或搭设完毕后补做。

连墙件由连墙件和锚固件组成，其构造因建筑物的结构不同有夹固式、锚固式和预埋连墙件几种方法，如图 5-12 所示。

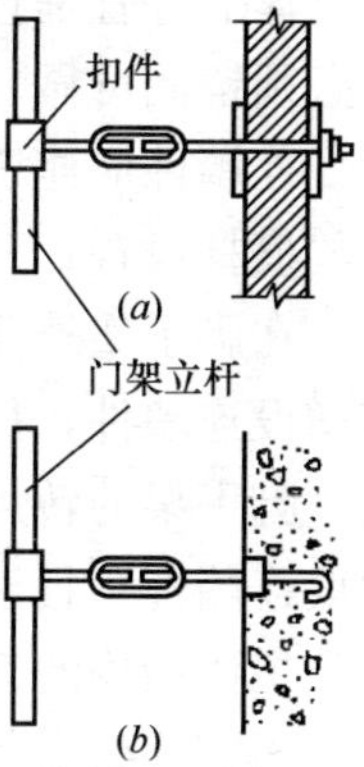

连墙件的最大间距，在垂直方向为 6m，在水平方向为 8m。一般情况下，连墙件竖向每隔三步，水平方向每隔 4 跨设置一个。高层脚手架应适当增加布设密度，低层脚手架可适当减少布设密度，连墙件间距规定应满足表 5-10 的要求。

图 5-12　连墙件构造

连墙件最大间距或最大覆盖面积　　　　表 5-10

序号	脚手架搭设方式	脚手架高度（m）	连墙件间距（m）		每根连墙件覆盖面积（m²）
			竖向	水平向	
1	落地、密目式安全网全封闭	≤40	3h	3l	≤40
2			2h	2l	≤27
3		>40			
4	悬挑、密目式安全网全封闭	≤40	3h	3l	≤40
5		40～60	2h	3l	≤27
6		>60	2h	2l	≤20

注：1. 序号 4～6 为架体位于地面上高度。

2. 按每根连墙件覆盖面积选择连墙件设置时，连墙件竖向间距≤6.0m。

3. h——步距，l——跨距。

连墙件应能承受拉力与压力，其承载力标准值不应小于 10kN；连墙件与门架、建筑物的连接也应具有相应的连接强度。

163

连墙件宜垂直于墙面,不得向上倾斜,连墙件埋入墙身的部分必须锚固可靠。

连墙件应连于上、下两榀门架的接头附近,靠近脚手架中门架的横杆设置,其距离不宜大于 200mm。

在脚手架外侧因设置防护棚或安全网而承受偏心荷载的部位应增设连墙件,且连墙件的水平间距不应大于 4.0m。

脚手架的转角处,不闭合(一字形、槽形)脚手架的两端应增设连墙件,且连墙件的竖向间距不应大于 4m。以加强这些部位与主体结构的连接,确保脚手架的安全工作。

当脚手架操作层高出相邻连墙件以上两步时,应采用确保脚手架稳定的临时拉结措施,直到连墙件搭设完毕后方可拆除。

加固件、连墙件等与门架采用扣件连接时,扣件规格应与所连钢管外径相匹配;扣件螺栓拧紧扭力矩宜为 $50\sim60$N·m,并不得小于 40N·m。各杆件端头伸出扣件盖板边缘长度不应小于 100mm。

6. 搭设剪刀撑

为了确保脚手架搭设的安全,以及脚手架的整体稳定性,剪刀撑必须随脚手架的搭设同步搭设。

剪刀撑采用 $\phi48$ 钢管,用扣件在脚手架门架立杆的外侧与立杆扣牢,剪刀撑斜杆与地面倾角宜为 $45°\sim60°$,宽度一般为 $4\sim8$m,自架底至顶连续设置。剪刀撑之间净距不大于 15m(图 5-13)。

剪刀撑斜杆若采用搭接接长,搭接长度不宜小于 600mm,且应采用两个扣件扣紧。

脚手架的高度 $H>20$m 时,剪刀撑应在脚手架外侧连续设置。

7. 门架竖向组装

上、下榀门架的组装必须设置连接棒和锁臂,其他部件(如栈桥梁等)则按其所处部位相应及时安装。

搭第二步脚手架时,门架的竖向组装、接高用连接棒,连接棒直径应比立杆内径小 $1\sim2$mm,安装时连接棒应居中插入上、

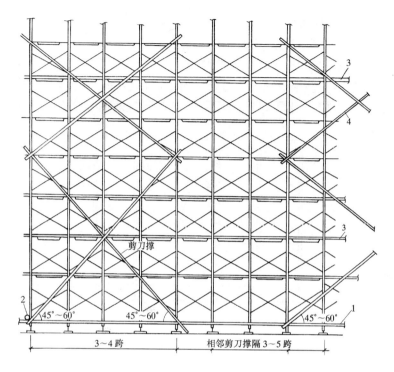

图 5-13 剪刀撑设置

1—纵向扫地杆；2—横向封口杆；3—水平加固杆；4—剪刀撑

下门架的立杆中，以使套环能均匀地传递荷载。

连接棒采用表面油漆涂层时，表面应涂油，以防使用期间锈蚀，拆卸时难以拔出。

门式脚手架高度超过 10m 时，应设置锁臂，如采用自锁式弹销式连接棒时，可不设锁臂。

锁臂是上下门架组成接头处的拉结部件，用钢片制成，两端钻有销钉孔，安装时将交叉支撑和锁臂先后锁销，以限制门架及连接棒拔出。

连接门架与配件的锁臂、搭钩必须处于锁住状态。

8. 通道洞口的设置

通道洞口高不宜大于 2 个门架高，宽不宜大于 1 个门架跨距，通道洞口应采取加固措施。

当洞口宽度为 1 个跨距时，应在脚手架洞口上方的内、外侧设置水平加固杆，在洞口两个上角加设斜撑杆（图 5-14）。当洞口宽为两个及两个以上跨距时，应在洞口上方设置水平加固杆及专门设计和制作的托架，并在洞口两侧加强门架立杆（图 5-15）。

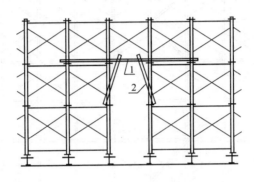

图 5-14　通道洞口加固示意
1—水平加固管；2—斜撑杆

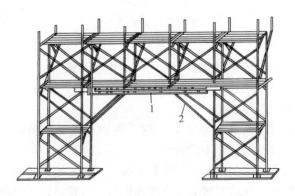

图 5-15　宽通道洞口加固示意
1—托架梁；2—斜撑杆

9. 安全网、扶手安装
安全网及扶手等设置参照扣件式脚手架。

10. 分段搭设与卸载构造

当不能落地架设或搭设高度超过规定（45m或轻载的60m）时，可分别采取从楼板伸出支挑构造的分段搭设方式或支挑卸载方式，如图5-16所示。或者采取其他挑支方式，并经过严格设计（包括对支承建筑结构的验算）后予以实施。

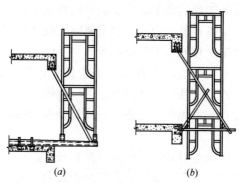

图5-16　非落地支承形式

(a) 分段搭设构造；(b) 分段卸荷构造

（三）落地门式钢管外脚手架的检查、验收和使用安全管理

1. 落地门式钢管外脚手架的检查、验收

脚手架搭设前，工程技术负责人应按施工方案要求，结合施工现场作业条件和队伍情况，向搭设和使用人员做技术和安全作业要求的交底，并确定指挥人员。

对门架、配件、加固件应按规范要求进行检查、验收，严禁使用不合格的门架、配件。

脚手架搭设完毕或分段搭设完毕，应按照施工方案和规范要求对脚手架的搭设质量逐项进行检查、验收，合格后方可验收投入使用。

高度不大于20m的脚手架，应由单位工程负责人组织有关技术、安装人员进行验收。高度大于20m的脚手架，应由上一级技术负责人随工程进行分阶段组织单位工程负责人及有关的技术安全人员进行检查验收。

验收时应具备下列文件：

（1）施工组织设计文件；

（2）脚手架构配件的出厂合格证或质量分类合格标志；

（3）脚手架工程的施工记录及质量检查记录；

（4）脚手架搭设过程中出现的重要问题及处理记录；

（5）脚手架工程的施工验收报告。

脚手架工程的验收，除查验有关文件外，还应进行现场检查，应着重检查以下几项，并记入施工验收报告。

（1）构配件和加固件是否齐全，质量是否合格，连接和挂扣是否紧固可靠；

（2）安全网的张挂及扶手的设置是否齐全；

（3）基础是否平整、坚实，支垫是否符合规定；

（4）连墙件的数量、位置和设置是否符合要求；

（5）垂直度及水平度是否合格。

落地门式钢管外脚手架的检查、验收可参照落地扣件式钢管外脚手架检查、验收的内容。但门式钢管脚手架垂直度、水平度的允许偏差应符合表 5-8 中所列要求。

2. 落地门式钢管脚手架使用的安全管理

落地门式钢管脚手架的使用安全管理与落地扣件式钢管脚手架的相同。在进行安全生产检查时的检查评分表见表 5-11 所列。

门式脚手架检查评分表　　　表 5-11

序号	检查项目		扣分标准	应得分数	扣减分数	实得分数
1	保证项目	施工方案	未编制专项施工方案或未进行设计计算扣10分； 专项施工方案未按规定审核、审批或架体搭设高度超过 50m，未按规定组织专家论证扣10分	10		

序号	检查项目		扣分标准	应得分数	扣减分数	实得分数
2	保证项目	架体基础	架体基础不平、不实、不符合专项施工方案要求扣10分； 架体底部未设垫板或垫板底部的规格不符合要求扣10分； 架体底部未按规范要求设置底座每处扣1分； 架体底部未按规范要求设置扫地杆扣5分； 未设置排水措施扣8分	10		
3		架体稳定	未按规定间距与结构拉结每处扣5分； 未按规范要求设置剪刀撑扣10分； 未按规范要求高度做整体加固扣5分； 架体立杆垂直偏差超过规定扣5分	10		
4		杆件锁件	未按说明书规定组装，或漏装杆件、锁件扣6分； 未按规范要求设置纵向水平加固杆扣10分； 架体组装不牢或紧固不符合要求每处扣1分； 使用的扣件与连接的杆件参数不匹配每处扣1分	10		
5		脚手板	脚手板未满铺或铺设不牢、不稳扣5分； 脚手板规格或材质不符合要求的扣5分； 采用钢脚手板时挂钩未挂扣在水平杆上或挂钩未处于锁住状态每处扣2分	10		
6		交底与验收	脚手架搭设前未进行交底或交底未留有记录扣6分； 脚手架分段搭设分段使用未办理分段验收扣6分； 脚手架搭设完毕未办理验收手续扣6分； 未记录量化的验收内容扣5分	10		
		小计		60		

序号	检查项目		扣分标准	应得分数	扣减分数	实得分数
7	一般项目	架体防护	作业层脚手架外侧未在1.2m和0.6m高度设置上、中两道防护栏杆扣10分； 作业层未设置高度不小于180mm的挡脚板扣3分； 脚手架外侧未设置密目式安全网封闭或网间不严扣7～10分； 作业层未用安全平网双层兜底，且以下每隔10m未用安全平网封闭扣5分	10		
8		材质	杆件变形、锈蚀严重扣10分； 门架局部开焊扣10分； 构配件的规格、型号、材质或产品质量不符合规范要求扣10分	10		
9		荷载	施工荷载超过设计规定扣10分； 荷载堆放不均匀每处扣5分	10		
10		通道	未设置人员上下专用通道扣10分； 通道设置不符合要求扣5分	10		
		小计		40		
检查项目合计				100		

另外，沿脚手架外侧严禁任意攀登。施工期间不得拆除下列杆件：

（1）交叉支撑、水平架；

（2）连墙件；

（3）加固杆件：如剪刀撑、水平加固杆、扫地杆、封口杆等；

（4）栏杆。

当因作业需要临时拆除交叉支撑或连墙件时，应经主管部门批准并应符合下列规定：

（1）交叉支撑只能在门架一侧局部拆除，临时拆除后，在拆除交叉支撑的门架上、下层面应满铺水平架或脚手板。作业完成后，应立即恢复拆除的交叉支撑；拆除时间较长时，还应加设扶手或安全网。

（2）只能拆除个别连墙件，在拆除前、后应采取安全措施，并应在作业完成后立即恢复；不得在竖向或水平向同时拆除两个及两个以上连墙件。

外脚手架的外表面应满挂安全网（或使用长条塑料编制篷布），并与门架竖杆和剪刀撑结牢，每5层门架加设一道水平安全网。顶层门架之上应设置栏杆。

门式脚手架上不宜使用手推车。材料的水平运输应利用楼板层或用塔式起重机直接吊运至作业地点。

脚手架在使用期间应设专人负责经常检查和保修，在主体结构施工期间，一般应3d检查一次；主体结构完工后，最多7d也要检查一次。每次检查都应对杆件有无发生变形、连接点是否松动、连墙拉结是否可靠以及门架立杆基础是否发生沉陷等进行全面检查，发现问题应立即采取措施，以确保使用安全。

拆除架子时应自上而下进行，部件拆除的顺序与安装顺序相反。不允许将拆除的部件直接从高空掷下。应将拆下的部件分品种捆绑后，使用垂直吊运设备将其运至地面，集中堆放保管。

门式脚手架部件的品种规格较多。必须由专门人员（或部门）管理，以减少损坏。凡杆件变形和挂扣失灵的部件均不得继续使用。

（四）落地门式钢管脚手架的拆除

1. 准备工作

门式钢管脚手架拆除的准备工作和安全防护措施同扣件式钢管脚手架。

2. 门式钢管脚手架拆除

脚手架经单位工程负责人检查验证并确认不再需要时，方可拆除。并由单位工程负责人进行拆除安全技术交底。

拆除脚手架时，应设置警戒区和警戒标志，并由专职人员负责警戒。

门式钢管脚手架的拆除，应在统一指挥下，按后装先拆、先装后拆的顺序自上而下逐层拆除，每一层从一端的边跨开始拆向另一端的边跨，先拆扶手和栏杆，然后拆脚手架或水平架、扶梯，再拆水平加固杆、剪刀撑，接着拆除交叉支撑、顶部的连墙件，同时拆卸门架。

注意事项：

（1）脚手架同一步（层）的构配件和加固件应按先上后下，先外后内的顺序进行拆除，最后拆连墙件和门架。

（2）在拆除过程中，脚手架的自由悬臂高度不得超过 2 步，当必须超过 2 步时，应加设临时拉结。

（3）连墙杆、通长水平杆、剪刀撑等必须在脚手架拆卸到相关的门架时方可拆除，严禁先拆。

（4）工人必须站在临时设置的脚手板上进行拆卸作业，并按规定使用安全防护用品。

（5）拆卸连接部件时，应将锁座上的锁板、卡钩上的锁片旋转至开启位置，然后开始拆除，不得硬拉，严禁敲击。

（6）拆除工作中，严禁使用榔头等硬物击打、撬挖，拆下的连接棒应放入袋内，锁臂应先传递至地面并放室内堆存。

（7）拆下的门架、钢管与配件，应成捆用机械吊运或由井架传送至地面，防止碰撞，严禁抛掷。

3. 脚手架材料的整修、保养

拆下的门架及配件，应清除杆件及螺纹上的沾污物，并及时分类、检验、整修和保养，按品种、规格分类整理存放，妥善保管。

六、木竹脚手架

（一）木脚手架

木脚手架的基本构造与扣件式钢管脚手架近似，由立杆、纵横向水平杆、剪刀撑、斜撑、抛撑及连墙件等杆件组成。

1. 杆配件材质规格

（1）杆件

立杆、斜撑、剪刀撑、抛撑应采用去皮的杉木或落叶松，其材质应符合现行国家标准《木结构设计规范》GB 50005—2003中规定的承重结构原木Ⅲa材质等级的质量标准。纵、横向水平杆及连墙件材料同上，材质应符合Ⅱa等级的质量标准。严禁使用易腐朽、易折裂、有枯节的木杆。杆件的规格如下：

1）用于立杆，梢径，即小头直径不小于70mm，大头直径不应大于180mm，长度不宜小于6m。

2）用于纵向水平杆，杉杆梢径不应小于80mm；红松、落叶松梢径不应小于70mm。长度不宜小于6m。

3）用于横向水平杆，梢径不应小于80mm，长度宜为2.1～2.3m。

（2）镀锌钢丝

木脚手架通常使用8号镀锌钢丝或回火钢丝（火烧丝）绑扎，不得有锈蚀斑痕。

绑扎材料是保证木脚手架受力性能和整体稳定性的关键部件，对于外观检查不合格和材质不符合要求的绑扎材料严禁使用，绑扎材料不得重复使用。

（3）脚手板

脚手板应选用杉木、落叶松板材、竹材、钢木混合材和冲压薄壁型钢等，其材质性能应分别符合国家现行相关标准的规定。

常用脚手板的规格形式要符合《建筑施工木脚手架安全技术规范》JGJ 164 的规定，强度和变形可不计算。

2. 构造参数

木脚手架搭设高度，单排架不得超过 20m；双排架不得超过 25m，当需超过 25m 时，应进行设计计算确定，但增高后的总高度不得超过 30m。

立杆间距、纵向水平杆步距和横向水平杆间距，应根据脚手架的用途、荷载和建筑平立面、使用条件等确定。

结构和装修外脚手架构造参数应按表 6-1 的规定采用。

外脚手架构造参数 表 6-1

用途	构造形式	内立杆轴线至墙面距离（m）	立杆间距（m）		作业层横向水平杆间距（m）	纵向水平杆竖向步距（m）
			横距	纵距		
结构架	单排	—	≤1.2	≤1.5	L≤0.75	≤1.5
	双排	≤0.5	≤1.2	≤1.5	L≤0.75	≤1.5
装饰架	单排	—	≤1.2	≤2.0	L≤1.0	≤1.8
	双排	≤0.5	≤1.2	≤2.0	L≤1.0	≤1.8

3. 杆件的连接和绑扎方法

（1）绑扎钢丝的弯制

钢丝的断料长度应根据绑扎杆件的粗细和部位确定，一般断料长度为 1.4～1.6m，并将断料从中间弯折，其中间鼻孔的直径一般为 1.5cm 左右。

（2）木杆的连接和绑扎方法

木脚手架一般有三种绑扎方法：平插绑扎法、斜插绑扎法和顺扣绑扎法。针对木杆不同的连接方式采取相应的绑扎方法。

1）直交

即木杆垂直相交。立杆与纵向水平杆、立杆与横向水平杆相交就属于这种连接，应绑十字扣。这种连接可以采用平插法或斜插法绑扎。

平插绑扎法，如图 6-1 所示。先将纵向水平杆用钢丝卡住，从立杆的右边穿过去，绕过立杆的背后，再从立杆的左边拉过来，同时用钎子插进鼻孔，用左手拉紧钢丝，使其压在鼻孔下，右手用力将钎子拧扭 1.5～2 圈即可绑牢。

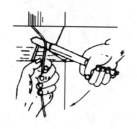 

图 6-1　平插绑扎法

斜插绑扎法，如图 6-2 所示。用钢丝卡住纵向水平杆，从立柱与纵向水平杆交角处斜插过去，绕过立柱的背后，分别从立柱的右边和左边拉过来，同时把钎子插进鼻孔，用左手拉紧钢丝，并使钢丝压到鼻孔下，右手用力拧扭 1.5～2 圈即可绑牢。

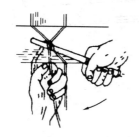 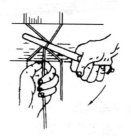

图 6-2　斜插绑扎法

2）斜交

即木杆倾斜相交，立杆与斜撑和剪刀撑相交就是这种类型，应采用顺扣绑扎法绑扎。

顺扣绑扎法，如图 6-3 所示。用钢丝兜绕杆件相交处一圈后，随即将钎子插进钢丝鼻孔内，左手拉紧钢丝并使其压在鼻孔下，右手用力拧扭 1.5～2 圈即可绑牢。

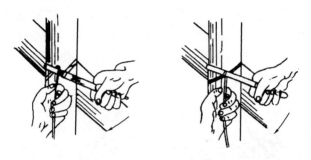

图 6-3　顺扣绑扎法

3）木杆接长

木杆接长一般采用顺扣绑扎法绑扎。接头长度不少于 1.5m，绑扣不少于 3 个，两端及中间各绑一个扣，扣的间距 0.6～0.75m，如图 6-4 所示。接长处必须防止弯折及松动，以免影响架子的整体稳定。

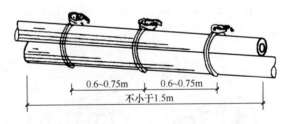

图 6-4　杆件接长的方法

4. 搭设与构造

（1）准备工作与要求

搭设前的准备工作除了第二章的要求以外，还有如下工作应做好：

1）根据杆材粗细、材质、外形等进行合理挑选分类，决定其用途及使用的部位。

2）根据建筑物的平面几何形状和搭设高度，确定脚手架的搭设形式及各部分，如斜道、上料平台等的位置。

3）单排脚手架的搭设不得用于墙厚在 180mm 及以下的砌体土坯和轻质空心砖墙以及砌筑砂浆强度在 M1.0 以下的墙体。

4）空斗墙上留置脚手眼时，横向水平杆下必须实砌两皮砖。

5）砖砌体的下列部位不得留脚手眼：

① 砖过梁上与过梁成 60°角的三角形范围内；

② 砖柱或宽度小于 740mm 的窗间墙；

③ 梁或梁垫下及其左右 370mm 范围内；

④ 砌体门窗洞口两侧 240mm 和转角处 420mm 范围内；

⑤ 设计图纸上规定不允许留洞眼的部位。

（2）施工顺序

各类木脚手架一般的搭设施工顺序为：

根据预定的搭设方案放立杆（位置）线→挖立杆坑→竖立杆→绑纵向水平杆→绑横向水平杆→绑抛撑→绑斜撑或剪刀撑→设置连墙件→铺脚手板→搭设安全网。

（3）搭设施工

1）放立杆线

脚手架搭设范围内的地基要整平夯实。根据技术交底和建筑物的特点，确定立杆纵、横向间距，现场拉线，钉竹签放样立杆的具体位置点。搭设双排架时，里外立杆距离应当相等。

2）挖立杆坑

脚手架的立杆、抛撑和最下一步斜撑的底端均要埋入地下，埋设深度视土质情况而定。

在土质地面挖掘立杆基坑时，坑深应为 0.3～0.5m。挖坑时坑底要稍大于坑口，坑口直径应大于立杆直径 100mm，这样有利于调整和固定立杆的位置。埋杆时应先将坑底夯实，或按计算要求加设垫木，以防下沉。

双排脚手架搭设立杆时，里外两排立杆距离应相等。杆身沿纵向垂直允许偏差应为架高的 3/1000，且不得大于 100mm，并不得向外倾斜。架体向内倾斜度不应超过 1%，并不得大于

150mm。立杆埋设回填时，应采用石块卡紧，再分层夯实回填土，并做成土墩，防止积水。

地面为岩石层或混凝土挖坑困难，或土质松软立杆埋深不够时，则应沿立杆底加设扫地杆，横向扫地杆距地表面应为100mm，其上绑扎纵向扫地杆。

3）立杆搭设

先竖里排脚手架两头的立杆，再竖中间的立杆。外排立杆按里排立杆的竖立顺序竖立，立杆纵横方向校垂直，在底部加绑扫地杆后将杆坑填平、夯实。

竖立杆时，一般由3人配合操作，具体的竖杆方法是：一人将立杆大头对准坑口，另一人用铁锹挡住立杆根部，并用脚用力向坑口蹬住立杆根部，再一人将杉杆抬起扛在肩上，然后与站在坑口的人互相倒换，双手将杉杆竖起落入坑内，一人双手扶住立杆，并校正垂直，两人回填夯实立杆，所有立杆均按此法顺序竖立。

立杆采用搭接接长，接头应符合下列规定：

① 相邻两根立杆的搭接接头应错开一步架。

② 接头的搭接长度应跨相邻两根纵向水平杆，且不得小于1.5m。

③ 立杆接长应大头朝下、小头朝上，同一根立杆上的相邻接头大头应左右错开，并应保持垂直。

立杆搭设到建筑物顶端时，为了便于操作，又能搭设外围护，保证安全，里排立杆应低于女儿墙上皮或檐口0.1～0.5m，外排立杆应高出平屋顶1.0～1.2m，高出坡屋顶、檐口1.5m，最上一根立杆必须大头朝上、小头朝下，将多余部分往下错动，使立杆顶部平齐。

4）纵向水平杆搭设

竖完立杆后，就可以绑扎纵向水平杆，此时，一般需要4人互相配合操作，具体分工是：3人负责绑扎，1人负责递料和校正、找平。

绑扎第一步架的纵向水平杆前，应先检查立杆是否垂直、埋正、埋牢，如有偏差，要先修正好。然后 3 人同时抬起纵向水平杆绑扎，绑扎时必须听从找平人的指挥，并注意绑扎时不要用力地猛拉镀锌钢丝，以免将立杆拉歪。纵向水平杆应绑在立杆里侧。

绑扎第二步纵向水平杆时，注意上架子动作要轻巧，避免将立杆拉歪，绑扎时必须相互配合好，而且精神要集中，在递杆时，应将小头递给脚手架的中间人，在上面接住杆件后，再顺势往上递送。递送时不可用力过猛，否则容易将脚手架上的人推下去，发生安全事故。因此，上下动作必须协调一致，等到下面人的手够不着时，脚手架上两端的人要注意中间人拔杆，等中间人将杆件调平时，就立即拉住杆件两头，勾住，等下面找平人发出信号后，马上绑扎。其他纵向水平杆依此法顺序绑扎。

纵向水平杆应用搭接接长，接头应当置于立杆处并放在横向水平杆上。小头压在大头上，大头伸出立杆长度应当为 0.2～0.3m。

同一步架的里外两排纵向水平杆不得有接头，相邻及上、下层纵向水平杆接头应互相错开。在架体端部，纵向水平杆的大头均应朝外。

另外，同一步架的纵向水平杆的大头朝向应一致，上下相邻两步架的纵向水平杆的大头朝向要相反，以增强脚手架的稳定性。

5）横向水平杆搭设

① 横向水平杆绑在纵向水平杆上，相邻两根横向水平杆的大头朝向应相反。

② 主节点处必须设置横向水平杆，其他部分应当等距均匀设置，应与纵向水平杆捆绑在一起。

③ 沿竖向靠立杆的上下两相邻横向水平杆应分别搁置在立杆的不同侧面。

④单排架横向水平杆的大头应朝里，双排架应朝外。

⑤ 单排脚手架横向水平杆在砖墙上搁置长度不应小于240mm，其外端伸出纵向水平杆的长度不小于200mm；双排脚手架横向水平杆每端伸出纵向水平杆的长度不小于200mm，里端距墙面宜为100~150mm。

6）斜撑与剪刀撑的设置

木脚手架绑扎到三步架时必须绑斜撑或剪刀撑。不论双排或单排木脚手架均应在架体的端部、转角处和中间每隔15m的净距内设置剪刀撑，第一道剪刀撑的下端要落地，并应由底至顶连续设置。剪刀撑的斜杆应至少覆盖5根立杆，但不得超过7根立杆。斜杆与地面呈45°~60°。当架长在30m以内时，应在外侧立面整个长度和高度上连续设置多跨剪刀撑，如图6-5所示。

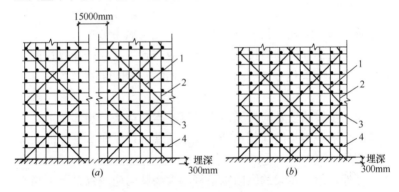

图6-5 剪刀撑构造图

(a) 间断式剪刀撑；(b) 连续式剪刀撑

1—剪刀撑；2—立杆；3—横向水平杆；4—纵向水平杆

剪刀撑的斜杆的端部应置于立杆与纵、横向水平杆相交节点处，与横向水平杆绑扎应牢固。中部与立杆及纵、横向水平杆各相交处应绑扎牢固。

对不能交圈搭设的单片脚手架，应在两端端部从底到上连续设置横向斜撑，如图6-6所示。

斜撑与剪刀撑的斜杆底端埋入土内深度不得小于0.3m，如图6-5所示。当不能埋地时，应用镀锌钢丝牢固绑扎在立杆交合处。

7）抛撑的设置

脚手架搭设至三步架以上时，应
及时绑抛撑。在此之前脚手架要用临
时支撑加以固定，以免脚手架外倾或
倒塌。抛撑应每隔 7 根立杆设一道并
进行可靠固定，与地面夹角为 $45°$～
$60°$，其底脚埋入土内的深度为 0.2～$0.3m$。

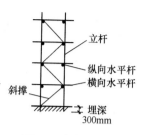

图 6-6 斜撑的埋设

8）连墙件的设置

脚手架高度超过 7m 时，必须在搭设的同时设置连墙件，将
脚手架与结构牢固连接成整体。整体脚手架向里倾斜度为 1％，
全高倾斜不得大于 150mm，严禁向外倾斜。

连墙件的设置应符合下列规定：

① 连墙件应当既能抗拉又能抗压，除应在第一步架高处设
置外，双排架应 2 步 3 跨设置一个；单排架应 2 步 2 跨设置一
个；连墙件应沿整个墙面采用梅花形布置。

② 开口形脚手架，应在两端端部沿竖向每步架设一个。

③ 连墙件应采用预埋件和工具化、定型化的连接构造。

连墙件常用的连接方法是在墙体内预埋钢筋环或在墙内侧放
短木棍，用 8 号镀锌钢丝穿过钢筋环或捆住短木棍拉住架子的立
杆，同时将横向水平杆顶住墙面。连墙件应尽量靠近架子立杆的
节点，以加强架子的稳定性。

作业层上的连墙件不得承受脚手板及由其所传递来的一切
荷载。

9）门窗洞口处的搭设

当单、双排脚手架底层设置门洞时，宜采用上升斜杆、平行
弦杆桁架结构形式，如图 6-7 所示。斜杆与地面倾角应在 $45°$～
$60°$之间。单排脚手架门洞处应在平面桁架的每个节点间设置一
根斜腹杆；双排脚手架门洞处的空间衔架除下弦平面处，应在其
余 5 个平面内的图示节间设置一根斜腹杆，斜杆的小头直径不得

小于 90mm，上端应向上连接交搭 2～3 步纵向水平杆，并应绑扎牢固。斜杆下端埋入地下不得小于 0.3m，门洞桁架下的两侧立杆应为双杆，副立杆高度应高于门洞口 1～2 步。

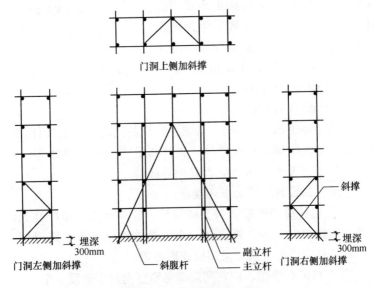

图 6-7 门洞口脚手架的搭设

单排脚手架遇窗洞时可增设立杆或靠墙设一短纵向水平杆将荷载传递到两侧的横向水平杆上，当窗洞宽大于 1.5m 时，应于室内另加立杆和纵向水平杆来搁置横向水平杆。

10）脚手板铺设

脚手板规格形式按规范选用，铺设规定同扣件式钢管脚手架。

脚手板两端必须与横向水平杆绑牢。往上步架翻脚手板时，应从里往外翻。

11）栏杆搭设

脚手架搭设至两步及以上时，必须在作业层外立杆内侧设置 1.2m 高的防护栏杆和不低于 180mm 的挡脚板，外侧应采用密目式安全网全封闭。防护栏杆绑两道，下杆距离操作面应为 0.7m。

12）斜道搭设

脚手架高度在三步及以下时，斜道应采用一字形，当架高在三步以上时，应采用之字形。

之字形斜道应在拐弯处设置平台。行人斜道宽度不应小于1.5m，坡度宜为1:3，平台面积不应小于3m²。运料斜道宽度不得小于2.0m，坡度宜为1:6，平台面积不应小于6m²。

斜道两侧及拐弯平台的外侧，均应设总高1.2m的两道防护栏杆及不低于180mm高的挡脚板，外侧挂密目式安全立网防护。

横向水平杆置于斜杆上时，间距不得大于1.0m，在拐弯平台处，不应大于0.75m。杆的两端均应绑扎牢固。

斜道的搭设方法与脚手架相同，但为了斜道的稳固，在平台外围、斜道两侧和端部均应设剪刀撑，并应沿斜道纵向每隔6～7根立杆设一道抛撑，并不得少于两道。

当架体高度大于7m时，对于附在脚手架外侧的斜道（利用脚手架外侧外立杆作为斜道的内立杆），应加密连墙件的设置。对独立搭设的斜道，应在每一步两跨设置一道连墙件。

斜道脚手板应随架高从下到上连续铺设。采用搭接铺设时，搭接长度不得小于400mm，并应在接头下面设两根横向水平杆，板端接头处的凸棱，应采用三角木填顺。脚手板应满铺，并平整牢固。

人行斜道的脚手板上应设高20～30mm的防滑条，间距不得大于300mm。

5. 检查验收

（1）搭设过程及使用前的检验

搭设过程中每隔四步至搭设完毕应分别进行检查验收，合格后方可继续搭设或投入使用。程序及手续同其他脚手架。

检验要求如下：

1）整体脚手架必须保持垂直、稳定，不得向外倾斜。

183

2）脚手架与墙体的拉结点及剪刀撑必须牢固，间距符合设计规定。

3）脚手架沿建筑物的外围应交圈封闭。

4）木杆、镀锌钢丝、脚手板的规格尺寸和材质必须符合规定。

5）立杆、斜杆底部应有垫块。

6）填土要夯实，不得有松动现象，并应高出周围的地面。

7）各杆件的间距及倾斜角度应符合规定。

8）镀锌钢丝绑扎应符合规定，且不允许一扣绑扎三根杆件。

9）脚手架高度超过三步架应当设置斜道（或上下架设施）、防护栏杆和挡脚板，挂设安全网。

（2）脚手架使用期间的检验

使用期间应设专人定期检查以下项目：

1）脚手架是否出现倾斜或变形。

2）连墙件是否出现缺损。

3）绑扎点镀锌钢丝有否出现松脱和断裂。

4）立杆是否出现沉陷和悬空。

5）脚手架是否漏铺，出现探头板，与墙面的间隙不得大于150mm。

6）脚手架上使用荷载不得超过规范规定。

7）使用过的材料、设备机具不得堆放在脚手板上或斜道的休息平台上。

8）严禁利用脚手架吊运重物或在脚手架上拉结缆风绳。

检查后不合格部位必须及时修复或更换，符合规范规定后，方准继续使用。

6. 拆除

拆除的准备工作及一般要求见第二章。注意事项如下：

1）拆除工作至少需要4人配合操作，其中3人在脚手架上拆除，另1人在下面负责指挥，防止非拆除人员进入现场。

2）3人在解开镀锌钢丝扣时，要互相配合，互相呼应，同时解扣或按顺序解扣，解扣时必须拿住杉杆不放手，待扣都解开后，由中间1人负责向下顺杆将其滑落。

3）立杆：先抱住立杆再解开最后两个绑扎扣。

4）纵向水平杆、剪刀撑、斜撑：先拆中间绑扎扣，托住中间再解开两头的绑扎扣。

5）抛撑：先用临时支撑加固后，才允许拆除抛撑。

6）剪刀撑、斜撑及连墙件只能在拆除层上拆除，不得一次全部拆掉。

7）拆下的杆件，特别是立杆和纵向水平杆，不得随意乱扔，必须由中间1人负责顺杆滑落。顺杆滑落时，一定要将杉杆的大头朝下，用手抓住小头慢慢向下送杆，待下面人接住后方能松手，如果架子较高不便用于顺杆滑落时，可以用麻绳将杉杆两头绑住，由2人负责落杆，落杆时1人先落使杆件稍垂直或稍有坡度。待杆件落到地面时，等下面人解开绳后再往上收绳。

（二）竹 脚 手 架

竹脚手架就是由绑扎材料将以竹杆为立杆、纵向水平杆、横向水平杆、顶撑、剪刀撑等杆件连接而成的有若干侧向约束的脚手架。其基本构造与扣件式钢管脚手架近似。

1. 杆配件材质规格

（1）杆件

用做脚手架主要受力杆件应当选用生长朝3～4年以上的毛竹，竹杆应挺直、质地坚韧。严禁使用弯曲不直、青嫩、枯脆、腐烂、虫蛀及裂纹连通两节以上的竹杆。

1）竹杆有效部分的小头直径应符合以下规定：

① 纵向及横向水平杆不得小于90mm；直径为60～90mm的竹杆，可双杆合并使用。

② 立杆、顶撑、斜撑、抛撑、剪刀撑和扫地杆不得小于75mm。

③ 格栅、栏杆不得小于 60mm。

2）竹材质量的直观鉴别

竹材的生长年龄可按表 6-2，根据各种外观特点进行鉴别。

冬竹竹龄鉴别方法

表 6-2

竹龄特点	三年以下	三年以上	七年以上
皮色	下山时呈青色如青菜叶，隔一年呈青白色	下山时呈冬瓜皮色，隔一年呈老黄色或黄色	呈枯黄色，并有黄色斑纹
竹节	单箍突出，无白粉箍	竹节不突出近节部分凸起呈双箍	竹节间皮上生出白粉
劈开	劈开处发毛，劈成篾条后弯曲	劈开处较老，篾条基本挺直	

注：1. 生长于阳山坡的竹材，竹皮呈白色带淡黄色，质地较好；生长于阴山坡的竹材，竹皮色青，质地较差，且易遭虫蛀，但仍可同样使用。

2. 嫩竹被水浸伤（热天泡在水中时间过长），表色也呈黄色，但其肉带紫褐色，质松易劈，不易使用。如用小铁锤锤击竹材，年老者声清脆而高，年幼者声音弱。年老者比年幼者较难锯。

鉴别竹材采伐时间的方法为：将竹材在距离根部约三四节处用锯锯断或用刀砍断观察，其断面上如呈有明显斑点者或将竹材浸入水中后，竹内有液体分泌出来，而水中有很多泡沫产生者，就可推断为白露前采伐。反之，如果在杆壁断面上无斑点或在浸水后无液体分泌及泡沫产生者，则可推断为白露后采伐。

（2）绑扎材料

竹脚手架的绑扎材料主要有镀锌钢丝、竹篾和塑料篾等。

钢丝采用 8 号或 10 号镀锌钢丝，不得有锈蚀斑痕或机械损伤。

单根 8 号镀锌钢丝的抗拉强度不得低于 400N/mm^2，单根 10 号钢丝的抗拉强度不得低于 450N/mm^2。

竹篾是采用生长期 3 年以上的毛竹竹黄部分劈割而成的绑扎材料。塑料篾是用塑料纤维编织而成的"带子"，用以代替竹篾的一种绑扎材料。单根塑料篾的抗拉能力不得低于 250N。

竹篾和塑料篾的规格应符合表 6-3 的要求。

竹篾规格　　　　　表 6-3

名称	长度（m）	宽度（mm）	厚度（mm）
毛竹篾	3.5～4.0	20	0.8～1.0
塑料篾	3.5～4.0	10～15	0.8～1.0

竹篾使用前应置于清水中浸泡不少于 12h，竹篾质地应新鲜、韧性强。严禁使用发霉、虫蛀、断腰、大节疤等竹篾。在存储、运输过程中不可受雨水浸淋和粘着石灰、水泥，以免霉烂和失去韧性。

塑料锤必须采用有生产厂家合格证和力学性能试验合格的产品。如无法提供合格证，必须做进场试验，合格后方可使用。

所有绑扎材料不得重复使用，也不得接长使用。尼龙绳和塑料绳绑扎的绑扣易于松脱，不得使用。外观检查不合格和材质不符合要求的绑扎材料严禁使用。

（3）脚手板

脚手板应具有满足使用要求的平整度和整体性，宜采用竹笆脚手板、竹串片脚手板和整竹拼制脚手板，不得采用钢脚手板。单块竹笆脚手板和竹串片脚手板重量不得超过 250N。常用的竹脚手板构造形式应符合《建筑施工竹脚手架安全技术规范》JGJ 254 的相关规定。具体见第二章相关内容。

2. 构造参数

竹脚手架不得搭设成单排手架，双排竹脚手架的搭设高度不得超过 24m，满堂脚手架的搭设高度不得超过 15m。

双排竹脚手架的构造参数见表 6-4 的规定。

双排外脚手架的构造参数　　　　　表 6-4

用途	内立杆至墙面距离（m）	立杆间距（m）		步距（m）	格栅间距（m）	
		横距	纵距		横向水平杆在下	纵向水平杆在下
结构	≤0.5	≤1.2	1.5～1.8	1.5～1.8	0.20～0.3	不大于立杆纵距的 1/2

用途	内立杆至墙面距离（m）	立杆间距（m）		步距（m）	格栅间距（m）	
		横距	纵距		横向水平杆在下	纵向水平杆在下
装饰	≤0.5	≤1.0	1.5～1.8	1.5～1.8	0.35～0.4	不大于立杆纵距的1/2

3. 杆件的连接方法和绑扎要求

（1）主节点及剪刀撑、斜杆与其他杆件相交的节点应采用对角双斜扣绑扎，立杆与纵向水平杆、剪刀撑、斜杆等相交处可采用单斜扣绑扎。双斜扣绑扎法见表6-5所列。

（2）杆件接长处可采用平扣绑扎法，如图6-8所示。竹篾绑扎时，每道绑扣应用双竹篾缠绕4～6圈，并每缠绕2圈应收紧一次，两端头拧成辫结构掖在杆件相交处的缝隙内并拉紧，拉结时应避开篾节。

双斜扣绑扎法 表6-5

步骤	文字描述	图示
第一步	将竹篾绕竹杆一侧前后斜交绑扎2～3圈	
第二步	竹篾两头分别绕立杆半圈	
第三步	竹篾两头再沿第一步的另一侧相对绕行	

步骤	文字描述	图示
第四步	竹篾相对绕行2～3圈	
第五步	将竹篾两头相交缠绕后，从两竹杆空隙的一端穿入另一端穿出，并用力拉紧，将竹篾头夹在竹篾与竹杆之中	

注：1 为竹杆，2 为绑扎材料。

（3）主节点处，凡相接触的两杆件均应分别进行两杆件绑扎，不得三根杆件共同绑扎一道绑扣。

（4）不得使用多根单圈竹篾绑扎。也不得使用双根竹篾接长绑扎。

（5）绑扎后的节点、接头不得出现松脱现象。施工过程中发生绑扎扣断裂、松脱现象时，应立即重新绑扎。

4. 搭设与构造

（1）准备工作与要求

竹脚手架搭设前准备工作同木脚手架搭设前准备工作，施工顺序也基本相同。

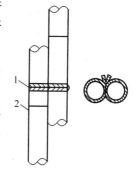

图 6-8 平扣绑扎法
1—竹杆；2—绑扎材料

1）经检验合格的材料，应根据竹杆粗细、长短、材质、外形等情况合理挑选和分类，堆放整齐、平稳，宜将同一类型的材料放在邻区域。

2）竹脚手架的立杆、抛撑的地基处理

为防止立杆底座沉降不均匀引起立杆超载而危及脚手架的安

全，竹脚手架底座必须进行处理。脚手架的立杆、斜杆底端的处理应符合下列规定：

① 当地基土为一～二类土时，应进行翻填、分层夯实处理。在处理后的基础上应放置木垫板，垫板宽度不得小于 200mm，厚度不得小于 50mm，并应绑扎一道扫地杆。横向扫地杆距离垫板上表面不应超过 200mm，其上绑扎纵向扫地杆。

② 当地基土为三～五类土时，应将杆件底端埋入土中，立杆埋深不得小于 200mm，抛撑埋深不得小于 300mm，坑口直径应大于杆件直径 100mm。坑底应夯实并垫以木垫板，垫板不得小于 200mm×200mm×50mm。埋杆时应采用垫板卡紧，回填土应分层夯实，并应高出周围自然地面 50mm。

③ 当地基土为六～八类土或基础为混凝土时，应在杆件底端绑扎一道扫地杆。横向扫地杆距垫板上表面不得超过 200mm，其上绑扎纵向扫地杆。地基土平整度不满足要求时，应在立杆底部设置木垫板，垫板不得小于 200mm×200mm×50mm。

3）底层顶撑底端的地面应夯实并设置垫板，垫板不宜小于 200mm×200mm×50mm。垫板不得叠放。其他各层顶撑不得设置垫板。

（2）搭设与构造的一般规定

1）竹脚手架沿建筑物、构筑物四周宜形成自封闭结构或与建筑物、构筑物共同形成封闭结构，搭设时应同步升高。

2）竹脚手架的搭设应与施工进度同步，一次搭设高度不应超过最上层连墙件两步，且自由高度不应大于 4m。

3）应自下而上按步架设，每搭设两步架后，应校验立杆的垂直度和水平杆的水平度。

4）剪刀撑、斜撑、顶撑等加固杆件应随架体同步搭设，且不得随意拆除。

5）斜道应随架体同步搭设，并应与建筑物、构筑物的结构连接牢固。

6）受力杆件不得钢竹、木竹混用。

7）双排外脚手架搭设主要有以下两种结构形式：

① 横向水平杆设置在纵向水平杆之下，脚手板应铺在纵向水平杆和格栅上，作业层荷载可由横向水平杆传递给立杆。其构造如图 6-9 所示。

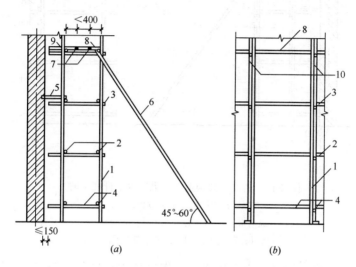

图 6-9　竹脚手架构造图（横向水平杆在下时）

（a）剖面图；（b）立面图

1—立杆；2—纵向水平杆；3—横向水平杆；4—扫地杆；5—连墙件；6—抛撑；
7— 格栅；8—竹笆脚手板；9—竹串片脚手板；10—顶撑

② 横向水平杆设置在纵向水平杆之上，脚手板应铺在横向水平杆和格栅上，作业层荷载可由纵向水平杆传递给立杆。其构造如图 6-10 所示。

8）当作业层铺设竹笆脚手板时，应在内外侧纵向水平杆之间设置格栅，并应符合下列规定：

① 格栅应设置在横向水平杆上面，并应与横向水平杆绑扎牢固。

② 格栅应在纵向水平杆之间等距离布置，且间距不得大于400mm。

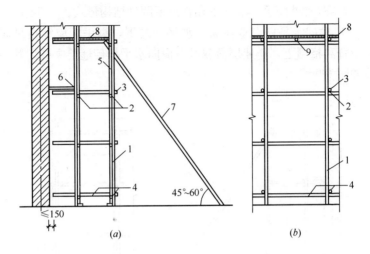

图 6-10 竹脚手架构造图（纵向水平杆在下时）

(a) 剖面图；(b) 立面图

1—立杆；2—纵向水平杆；3—横向水平杆；4—扫地杆；5—顶撑；
6—连墙件；7— 抛撑；8—竹串片脚手板；9—格栅

③ 格栅的接长应采用搭接，搭接处应头搭头、梢搭梢。搭接长度从有效直径起算，不得小于 1.2m，搭接端应在横向水平杆上，并应伸出 200～300mm。

④ 竹笆脚手板应按其主竹筋垂直于纵向水平杆方向铺设，且应采用对接平铺，四个角应采用 14 号镀锌钢丝固定在纵向水平杆上。

9）竹脚手架搭设至两步架高及以上时，作业层外侧周边应设置两道防护栏杆，上道栏杆高度不应小于 1.2m，下道栏杆应居中设置，底部应设置高度不低于 180mm 的挡脚板。栏杆和挡脚板应设在立杆内侧。脚手架外立杆内侧应采用密目式安全立网封闭。

（3）双排竹脚手架搭设要点

1）立杆

立杆应小头朝上，上下垂直，搭设到建筑物或构筑物顶端时，里排立杆应低于女儿墙上皮或檐口 0.4～0.5m，外排立杆应高出女儿墙上皮 1m，檐口 1.0～1.2m（平屋顶）或 1.5m（坡屋顶），最上一根立杆应大头朝上，将多余部分往下错动，使立杆顶部平齐。

立杆应采用搭接接长，不得采用对接、插接接长。

立杆接头的搭接长度从有效直径起不得小于 1.5m，绑扎不得少于 5 道，两端绑扎点离杆件端部的距离不得小于 100mm，中间绑扎点应均匀设置，相邻立杆的搭接接头应上下错开一个步距，同步内隔一根立杆的两个相隔接头在高度方向错开的距离不宜小于 500mm。

接长后的立杆应位于同一平面内，立杆接头应紧靠横向水平杆，并沿立杆纵向左右错开。

如果竹杆有微小弯曲，应使弯曲面朝向脚手架的纵向，但不得同向，且应间隔反向设置。

2）纵向水平杆

为了减小横向水平杆的跨度及增加立杆的稳定，纵向水平杆应搭设在立杆里侧，沿纵向平放，主节点处应绑扎在立杆上，非主节点处应绑扎在横向水平杆上。

纵向水平杆应按平扣绑扎法进行接长，搭接处应头搭梢。搭接长度从有效直径起算不得小于 1.2m，绑扎不得少于 4 道，两端绑扎点与杆件端部的距离不应小于 100mm，中间绑扎点应均匀设置。

搭接接头应设置于立杆处，并伸出立杆 200～300mm。两根相邻纵向水平杆的接头不宜设置在同步或同跨内，两相邻纵向水平杆接头应上下里外错开一倍的立杆纵距。同一步架的纵向水平杆大头朝向应一致，上下相邻两步架的纵向水平杆大头朝向应相反，架体端部的纵向水平杆大头应朝外，如图 6-11 所示。

3）横向水平杆

① 横向水平杆应垂直于墙面，主节点处应绑扎在立杆上，非主节点处应绑扎在纵向水平杆上。

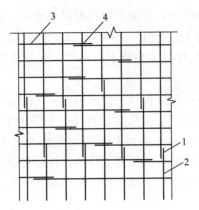

图 6-11　立杆和纵向水平杆接头布置
1—立杆接头；2—立杆；3—纵向水平杆；4—纵向水平杆接头

②为了增加立杆的承载能力和整体稳定性，主节点处的横向水平杆要与立杆绑牢。

采用竹笆脚手板时，横向水平杆应置于纵向水平杆之下，绑扎在立杆上。

采用竹串片脚手板时，横向水平杆应置于纵向水平杆之上，绑扎在纵向水平杆上。

③作业层上非主节点处的横向水平杆，应根据支撑脚手板的需要等间距设置，其最大间距应不大于立杆纵距的 1/2。

④横向水平杆每端伸出纵向水平杆的长度不应小于 200mm，且应有一个以上的完整竹节。里端距墙面宜为 120～150mm，两端应与纵向水平杆绑扎牢固。

为了保证立杆轴心受力，主节点处上下两相邻横向水平杆应分别搁置在立杆的不同侧面，且与同一立杆相交的横向水平杆应保持在立杆的同一侧面。

4）顶撑

顶撑是紧贴立杆设置，两端顶住上下水平杆的杆件。

当使用竹笆脚手板时，顶撑应顶在横向水平杆的下方；使用竹串片脚手板时，顶撑应顶在纵向水平杆的下方，如图 6-12

所示。

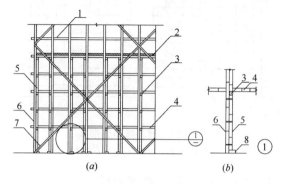

图 6-12 顶撑的设置

(a) 顶撑设置图；(b) 顶撑设置详图

1—栏杆；2—脚手板；3—横向水平杆；4—纵向水平杆；
5—顶撑；6—立杆；7—剪刀撑；8—垫块

①底层底步顶撑底端的地面应夯实并设置垫木，垫木不得叠放；其他各层顶撑底端不得设置垫块；垫木宽度不小于 200mm，厚度不小于 50mm；

②顶撑应并立于立杆侧设置，并顶紧水平杆；

③顶撑应与上、下方的水平杆直径匹配，两者直径相差不得大于顶撑直径的 1/3；

④顶撑应与立杆绑扎且不得少于 3 道，两端绑扎点与杆件端部的距离不应小于 100mm，中间绑扎点应均匀设置；

⑤顶撑应使用整根竹杆，不得接长，上下顶撑应保持在同一垂直线上。

5）剪刀撑

剪刀撑应在脚手架外侧由底至顶连续设置，与地面倾角应为 45°～60°。剪刀撑的形式可根据实际需要，设置间隔式剪刀撑或连续式剪刀撑。架长 30m 以内的脚手架应采用连续式剪刀撑，超过 30m 的应采用间隔式剪刀撑，如图 6-13 所示。

间隔式剪刀撑除应在脚手架外侧立面的两端设置外，架体的

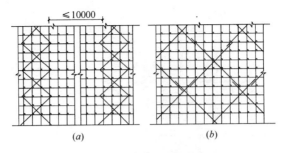

图 6-13 剪刀撑布置形式

(a) 间隔式剪刀撑；(b) 连续式剪刀撑

转角处或开口处也应加设一道剪刀撑。剪刀撑宽度不应小于 $4L_a$，每道剪刀撑之间的净距不应大于 10m。

剪刀撑应与其他杆件同步搭设，并宜通过主节点。由于剪刀撑斜杆较长，如不固定在与之相交的立杆上，将会由于刚度不足先失去稳定，剪刀撑应紧靠脚手架外侧立杆，并和与之相交的立杆、横向水平杆等全部两两绑扎。

搭接长度从有效直径起算不得小于 1.5m，绑扎不得少于 3 道，两端绑扎点与杆件端部的距离不应小于 100mm，中间绑扎点应均匀设置。剪刀撑应大头朝下，小头朝上。

6）斜杆（斜撑、抛撑）

在脚手架搭设的高度较低时或暂时无法设置连墙件时，必须设置抛撑。

斜撑应设置在脚手架外侧转角处，与地面成 45°角，底脚距外排立杆可为 700mm。当脚手架纵向长度小于 15m 或架高低于 10m，斜撑可从下至上连续呈"之"字形设置以代替剪刀撑。

为提高脚手架的横向刚度，水平斜撑应设置在脚手架有连墙件的步架平面内，斜撑两端与立杆应绑扎呈"之"字形，其中与连墙件相连的立杆必须作为绑扎点，如图 6-14 所示。

一字形、开口形双排脚手架的两端应设置在同一节间由底到顶呈"之"字形连续设置，杆件两端应固定在与之相交的立杆上。

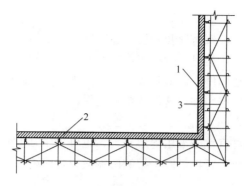

图 6-14　水平斜撑布置
1—砖墙；2—连墙件；3—水平斜撑

　　竹脚手架搭设低于三步架时应设置抛撑，抛撑应采用通长杆件与脚手架进行可靠连接。与地面应成 45°～60°角，连接点中心到主节点的距离不应大于 300mm。底端埋入土中深度不得小于0.5m。在连墙件设置后方可拆除。

　　7）连墙件

　　连墙件宜采用二步二跨或三步二跨的布置方式。

　　连墙件竖向间距增大，将使脚手架的稳定承载力降低。试验证明，当其他条件相同，连墙件竖向间距由 2 步距增大到 3 步距时，稳定承载力降低 20％左右；连墙件竖向间距由 2 步距增大到 4 步距时，稳定承载力降低 30％左右。连墙件的竖向间距直接影响立杆的纵距与步距。

　　①连墙件必须能承受拉力和压力，且应同时与内、外杆件连接。连墙件由拉件和顶件组成，并配合使用。拉件可采用 8 号镀锌钢丝或 ϕ6 钢筋，顶件可采用毛竹。拉件宜水平设置，当不能水平设置时，与脚手架连接的一端应低于建筑物、构筑物结构连接的一端，顶件应与结构牢固连接。

　　②连墙件紧靠主节点设置，距主节点不大于 300mm。若远离主节点设置连墙件，因立杆的抗弯刚度较差，将会由于立杆产生局部弯曲，减弱甚至起不到约束脚手架横向变形的作用，应设

置水平杆或斜杆对架体局部加强。

③从第二步架高处开始设置连墙件。由于第一步立杆所承受的轴向力最大，是保证脚手架稳定性的控制杆件。在第二步纵向水平杆处设连墙件，也就是增设了一个支座。所以应从第二步架高处开始设置连墙件，这是从构造上保证脚手架立杆局部稳定性的重要措施之一。

④连墙件宜优先采用菱形布置，也可采用方形或矩形布置。

⑤一字形、开口形脚手架的两端应设置连墙件，并应沿竖向每步设置一个。

⑥转角两侧立杆和顶层的操作层处应设置连墙件。

⑦连墙件与建筑物、构筑物的连接应牢固，连墙件不得设置在填充墙等部位。

8）脚手板

脚手板应便于搬运，单块脚手板重量不得超过 25kg，脚手板必须平直。在竹脚手架中，脚手板可因地制宜选用竹、木脚手板，但不得采用钢脚手板。

脚手架铺设要求、方法均与扣件式钢管脚手架相同。

竹脚手架内侧横向水平杆的悬臂端应铺设竹串片脚手板，距墙面不应大于 150mm。

9）门洞的搭设

门洞口应采用上升斜杆、平行弦杆桁架结构形式（图 6-15），斜杆与地面倾角应为 45°～60°角。

门洞处的空间桁架除下弦平面处，应在其余 5 个平面内的节间设置一根斜腹杆，上端应向上连接交搭 2～3 步纵向水平杆，并应绑扎牢固。

门洞桁架下的两侧立杆、顶撑应为双杆，副立杆高度应高于门洞口 1～2 步。

斜撑、立杆加固杆件应随架体同步搭设，不得滞后搭设。

10）斜道

斜道应紧靠脚手架外侧设置并应与脚手架同步搭设。斜道的

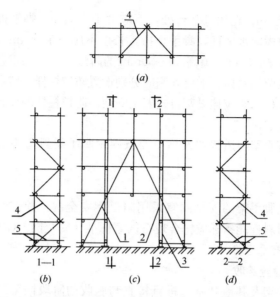

图 6-15　门洞和通道脚手架构造（适用于两跨宽的门洞）

（a）俯视图；（b）左侧面图；（c）立面图；（d）右侧面图

1—斜腹杆；2—拉杆；3—副立杆；4—斜杆；5—扫地杆

进出口处应设置安全防护棚。

当脚手架高 4 步架以下时，可搭设"一"字形直上斜道或中间设休息平台的上折形斜道；当脚手架高 4 步架以上时，应搭设"之"字形斜道，转弯处应设置休息平台。

人行斜道坡度宜为 1：3，宽度不应小于 1m，平台面积不应小于 $2m^2$，斜道立杆和水平杆的间距应与脚手架相同；运料斜道坡度宜为 1：6，宽度不应小于 1.5m，平台面积不应小于 $4.5m^2$，运料斜道及其对应的脚手架立杆应采用双立杆。

斜道外侧及休息平台两侧应设剪刀撑。休息平台应设连墙件与建筑物、构筑物的结构连接。

当斜道脚手板横铺时，应在横向水平杆上每隔 0.3m 加设斜平杆，脚手板应平铺在斜平杆上；当斜道脚手板顺铺时，脚手板应平铺在横向水平杆上。当横向水平杆设置在斜平杆上时，间距不应大于 1m；在休息平台处，不应大于 0.75m。脚手板接头处应设双根横向水平杆，脚手板搭接长度不应小于 0.4m。脚手板上每隔 0.3m 应设一道高 20～30mm 的防滑条。

斜道两侧及休息平台外侧应分别设置防护栏杆，斜道及休息平台外立杆内侧应挂设密目式安全立网。防护栏杆的设置应符合有关的规定。

竹脚手架斜道构造及施工要点同木脚手架斜道构造及施工要点。

11）安全网

外墙脚手架的安全网宜采用阻燃型安全网，并做好临街防护。其材料性能指标应符合现行国家标准《安全网》GB 5725—2009 的相关要求。

5. 检查验收

脚手架及其地基基础进行检查与验收的阶段同第二章的规定。除此，在第一次检查后最多每隔 14d 进行阶段性检查。

脚手架使用中，定期检查的项目同第二章的规定。另外还应检查：

1）绑扎点绑扎材料是否出现松脱或断裂；绑扎材料采用钢丝的，是否出现锈蚀。

2）杆件的设置和连接，连墙件、支撑、门洞衔架等的构造是否符合要求。

6. 拆除

竹脚手架应由专业架子工进行拆除。拆除过程中必须防止坠物伤人，防止脚手架倒塌事故发生，妥善保管拆除后可以重复使用的竹杆和脚手板等配件，但绑扎材料不得重复使用。明确拆除脚手架的准备工作和作业区的管理。

竹脚手架的拆除安全防滑及安全要求同第二章的规定。

七、不落地式脚手架

（一）悬挑外脚手架的搭设与拆除

悬挑式外脚手架一般应用在建筑施工中以下三种情况：

（1）±0.000以下结构工程回填土不能及时回填，而主体结构工程必须立即进行，否则将影响工期。

（2）高层建筑主体结构四周为裙房，脚手架不能直接支承在地面上。

（3）超高层建筑施工，脚手架搭设高度超过了架子的容许搭设高度，因此将整个脚手架按容许搭设高度分成若干段，每段脚手架支承在由建筑结构向外悬挑的结构上。

1. 悬挑式脚手架的类型和构造

悬挑脚手架根据悬挑支承结构的不同，分为支撑杆式悬挑脚手架和挑梁式悬挑脚手架两类。

（1）支撑杆式悬挑脚手架

支撑杆式悬挑脚手架的支承结构不采用悬挑梁（架），直接用脚手架杆件搭设。《建筑施工扣件式钢管脚手架安全技术规范》JGJ 130—2011中因其安全性差，不推荐使用。

1）支撑杆式双排脚手架

如图7-1（a）所示支撑杆式悬挑脚手架，其支承结构为内、外两排立杆上加设斜撑杆，斜撑杆一般采用双钢管，而水平横杆加长后一端与预埋在建筑物结构中的铁环焊牢，这样脚手架的荷载通过斜杆和水平横杆传递到建筑物上。

如图7-1（b）所示悬挑脚手架的支承结构是采用下撑上拉方法，在脚手架的内、外两排立杆上分别加设斜撑杆。斜撑杆的下端支在建筑结构的梁或楼板上，并且内排立杆的斜撑杆的支点比外排立杆斜撑杆的支点高一层楼。斜撑杆上端用双扣件与脚手架的立杆连接。

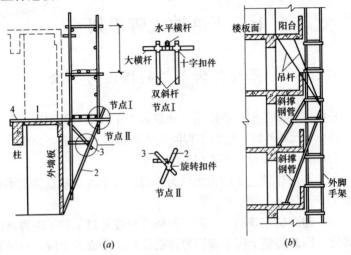

图 7-1　支撑杆式双排悬挑脚手架
1—水平横杆；2—双斜撑杆；3—加强短杆；4—预埋铁环

此外，除了斜撑杆，还设置了拉杆，以增强脚手架的承载能力。支撑杆式悬挑脚手架搭设高度一般在 4 层楼高 12m 左右。

2）支撑杆式单排悬挑脚手架

如图 7-2（a）所示为支撑杆式单排悬挑脚手架，其支承结构为从窗门挑出横杆，斜撑杆支撑在下一层的窗台上。如无窗台，则可先在墙上留洞或预埋支托铁件，以支承斜撑杆。

如图 7-2（b）所示支撑杆式悬挑脚手架的支承结构是从同一窗口挑出横杆和伸出斜撑杆，斜撑杆的一端支撑在楼面上。

（2）挑梁式悬挑脚手架

挑梁式悬挑脚手架采用固定在建筑物结构上的悬挑梁（架），并以此为支座搭设脚手架，一般为双排脚手架。此种类型脚手架搭设高度一般控制在 6 个楼层（20m）以内，可同时进行 2～3

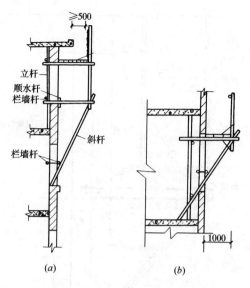

图 7-2 支撑杆式单排悬挑脚手架

层作业，是目前较常用的脚手架形式。

1）下撑挑梁式

如图 7-3 所示是下撑挑梁式悬挑脚手架支承结构。

在主体结构上预埋型钢挑梁，并在挑梁的外端加焊斜撑压杆组成挑架。各根挑梁之间的间距不大于 6m，并用两根型钢纵梁相连，然后在纵梁上搭设扣件式钢管脚手架。

当挑梁的间距超过 6m 时，可用型钢制作的桁架（图 7-4）来代替图 7-3 中的挑梁、斜撑压杆组成的挑架，但这种形式下挑梁的间距也不宜大于 9m。

2）斜拉挑梁式

图 7-5 所示为挑梁式悬挑脚手架，以型钢作挑梁，其端头用钢丝绳（或钢筋）作拉杆斜拉。

2. 悬挑脚手架搭设

外挑式扣件钢管脚手架与一般落地式扣件钢管脚手架的搭设要求基本相同。

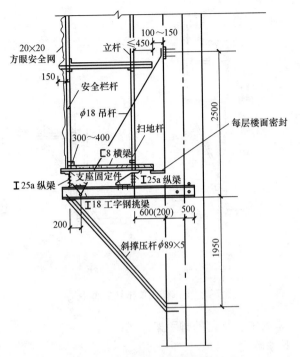

图 7-3　下撑挑梁式悬挑脚手架

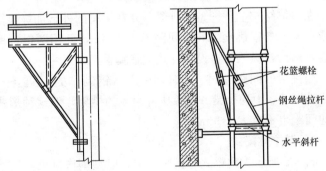

图 7-4　桁架挑梁式悬挑脚手架　　图 7-5　斜拉挑梁式悬挑脚手架

（1）支撑杆式悬挑脚手架搭设

搭设顺序：

水平横杆→纵向水平杆→双斜杆→内立杆→加强短杆→外立杆→脚手板→栏杆→安全网→上一步架的横向水平杆→连墙杆→水平横杆与预埋环焊接。

按上述搭设顺序一层一层搭设，每段搭设高度以 6 步为宜，并在下面支设安全网。

（2）挑梁式脚手架搭设

搭设顺序：

安置型钢挑梁（架）→安装斜撑压杆、斜拉吊杆（绳）→安放纵向钢梁→搭设脚手架或安放预先搭好的脚手架。

悬挑脚手架的搭设高度不超过 20m。

《建筑施工扣件式钢管脚手架安全技术规范》JGJ 130—2011 中型钢悬挑梁推荐为双轴对称截面型钢。悬挑钢梁及锚固件按设计确定，钢梁截面高度不小于 160mm。悬挑梁尾端应有不少于两点和钢筋混凝土梁板结构拉结锚固，用于锚固型钢悬挑梁的 U 形钢筋拉环或锚固螺栓直径不宜小于 16mm。其构造如图 7-6 所示。

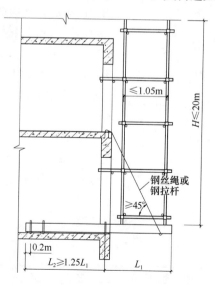

图 7-6　型钢悬挑脚手架构造

U形钢筋拉环或螺栓应采用冷弯成型，与型钢悬挑梁连接应紧固。U形钢筋拉环、锚固螺栓与型钢间隙应用钢楔或硬木楔楔紧，螺栓应采用双螺母拧紧。严禁型钢悬挑梁晃动。

　　每个型钢悬挑梁外端宜设置钢丝绳或钢拉杆与上一层建筑结构斜拉结，钢丝绳、钢拉杆作为附加安全措施，在悬挑钢梁受力计算时不考虑其作用。钢丝绳与建筑结构拉结的吊环应使用HPB235级钢筋，其直径不宜小于20mm。钢丝绳直径不应小于14mm，钢丝绳卡不得少于3个。

　　悬挑钢梁悬挑长度按设计确定，固定段长度不应小于悬挑段长度的1.25倍。型钢悬挑梁固定端应采用2个（对）及以上U形钢筋拉环或锚固螺栓与梁板固定，U形钢筋拉环或锚固螺栓应预埋至混凝土梁、板底层钢筋位置，并应与混凝土梁、板底层

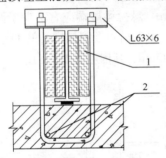

图 7-7　悬挑钢梁 U 形固定构造
1—木楔侧向楔紧；2—2 根 1.5m 长
直径 18mm 的 HRB335 钢筋

钢筋焊接或绑扎牢固，其锚固长度应符合现行国家标准《混凝土结构设计规范》GB 50010 中钢筋锚固的规定。其构造如图 7-7～图7-9 所示。悬挑钢梁悬挑长度一般情况下不超过 2m 能满足施工需要，但在工程结构局部有可能满足不了使用要求，局部悬挑长度不宜超过 3m。

　　悬挑梁间距应按悬挑架架体立杆纵距设置，每一纵距设置一根。悬挑钢梁支承点应设置在结构梁上，不得设置在外伸阳台上或悬挑板上。

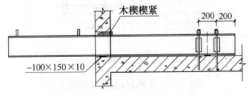

图 7-8　悬挑钢梁穿墙构造

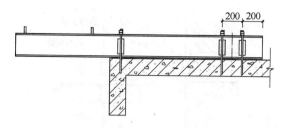

图 7-9　悬挑钢梁楼面构造

当型钢悬挑梁与建筑结构采用螺栓钢压板连接固定时，钢压板尺寸不应小于 100mm×10mm（宽×厚）；当采用螺栓角钢压板连接时，角钢的规格不应小于 63mm×63mm×6mm。

型钢悬挑梁悬挑端应设置能使脚手架立杆与钢梁可靠固定的定位点，定位点离悬挑梁端部不应小于 100mm。

锚固位置设置在楼板上时，楼板的厚度不宜小于 120mm。如果楼板的厚度小于 120mm 应采取加固措施。锚固悬挑梁的主体结构混凝土实测强度等级不得低于 C20。

悬挑架的外立面剪刀撑应自下而上连续设置。剪刀撑与横向斜撑的设置符合规范构造要求的规定。

（3）施工要点

1）连墙件的设置

连墙件设置的位置、数量同落地钢管扣件式脚手架。

根据建筑物的轴线尺寸，在水平方向应每隔 3 跨设置一个，在垂直方向应每隔 3～4m 设置一个，并要求各点互相错开，形成梅花状布置。

2）连墙件的做法

在钢筋混凝土结构中预埋铁件，然后用 100mm×63mm×10mm 的角钢，一端与预埋件焊接，另一端与连接短管用螺栓连接（图 7-10）。

3）垂直控制

搭设时，要严格控制分段脚手架的垂直度，垂直度偏差：

第一段不得超过 1/400；

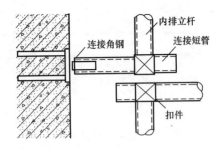

图 7-10 连墙件的做法

第二段、第三段不得超过 1/200。

脚手架的垂直度要随搭随检查，发现超过允许偏差时，应及时纠正。

4）脚手板铺设

脚手架的底层应满铺厚木脚手板，其上各层可满铺冲压钢板脚手板。

5）安全防护措施

脚手架中各层均应设置护栏、踢脚板和扶梯。

脚手架外侧和单个架子的底面用密目安全网封闭，架子与建筑物要保持必要的通道。

6）悬挑梁与墙体结构的连接，应预先预埋铁件或留好孔洞，保证连接可靠，不得随便打凿孔洞，破坏墙体。

7）斜拉杆（绳）应装有收紧装置，以使拉杆收紧后能承担荷载。

3. 悬挑脚手架的检查、验收和使用安全管理

脚手架分段或分部位搭设完，必须按相应的钢管脚手架安全技术规范要求进行检查、验收，经检查验收合格后，方可继续搭设和使用，在使用中应严格执行有关安全规程。

脚手架使用过程中要加强检查，并及时清除架子上的垃圾和剩余料，注意控制使用荷载，禁止在架子上过多集中堆放材料。

表 7-1 是悬挑式脚手架安全检查评分表。

表 7-1

悬挑式脚手架安全检查评分表

序号	检查项目		扣分标准	应得分数	扣减分数	实得分数
1	保证项目	施工方案	未编制专项施工方案或未进行设计计算扣10分； 专项施工方案未经审核、审批或架体搭设高度超过20m未按规定组织进行专家论证扣10分	10		
2		悬挑钢梁	钢梁截面高度未按设计确定或载面高度小于160mm扣10分； 钢梁固定段长度小于悬挑段长度的1.25倍扣10分； 钢梁外端未设置钢丝绳或钢拉杆与上一层建筑结构拉结每处扣2分； 钢梁与建筑结构锚固措施不符合规范要求每处扣5分； 钢梁间距未按悬挑架体立杆纵距设置扣6分	10		
3		架体稳定	立杆底部与钢梁连接处未设置可靠固定措施每处扣2分； 承插式立杆接长未采取螺栓或销钉固定每处扣2分； 未在架体外侧设置连续式剪刀撑扣10分； 未按规定在架体内侧设置横向斜撑扣5分； 架体未按规定与建筑结构拉结每处扣5分	10		
4		脚手板	脚手板规格、材质不符合要求扣7～10分； 脚手板未满铺或铺设不严、不牢、不稳扣7～10分； 每处探头板扣2分	10		
5		荷载	架体施工荷载超过设计规定扣10分； 施工荷载堆放不均匀每处扣5分	10		
6		交底与验收	架体搭设前未进行交底或交底未留有记录扣5分； 架体分段搭设分段使用，未办理分段验收扣7～10分； 架体搭设完毕未保留验收资料或未记录量化的验收内容扣5分	10		
		小计		60		

序号	检查项目		扣分标准	应得分数	扣减分数	实得分数
7	一般项目	杆件间距	立杆间距超过规范要求，或立杆底部未固定在钢梁上每处扣2分； 纵向水平杆步距超过规范要求扣5分； 未在立杆与纵向水平杆交点处设置横向水平杆每处扣1分	10		
8		架体防护	作业层外侧未在高度1.2m和0.6m处设置上、中两道防护栏杆扣5分； 作业层未设置高度不小于180mm的挡脚板扣5分； 架体外侧未采用密目式安全网封闭或网间不严扣7～10分	10		
9		层间防护	作业层未用安全平网双层兜底，且以下每隔10m未用安全平网封闭扣10分； 架体底层未进行封闭或封闭不严扣10分	10		
10		脚手架材质	型钢、钢管、构配件规格及材质不符合规范要求扣7～10分； 型钢、钢管弯曲、变形、锈蚀严重扣7～10分	10		
		小计		40		
检查项目合计				100		

（二）吊篮脚手架

吊篮脚手架是通过在建筑物上特设的支承点固定挑梁或挑架，利用吊索悬挂吊架或吊篮进行砌筑或装饰工程施工的一种脚手架，是高层建筑外装修和维修作业的常用脚手架。

1. 吊篮脚手架的类型

吊篮脚手架分手动吊篮脚手架和电动吊篮脚手架两类。

吊篮脚手架特点：节约材料，节省劳力，缩短工期，操作方便灵活，技术经济效益较好。

（1）手动吊篮脚手架

手动吊篮脚手架由支承设施、吊篮绳、安全绳、捯链和吊架（或吊篮）组成（图7-11），利用捯链进行升降。

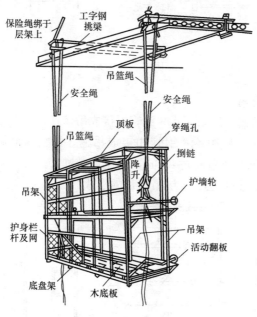

图7-11 手动吊篮脚手架

1）支承设施

一般采用建筑物顶部的悬挑梁或桁架，必须按设计规定与建筑结构固定牢靠，挑出的长度应保证吊篮绳垂直地面（图7-12a），如挑出过长，应在其下面加斜撑（图7-12b）。

吊篮绳可采用钢丝绳或钢筋链杆。钢筋链杆的直径不小于16mm，每节链杆长800mm，每5～10根链杆相互连成一组，使用时用卡环将各组连接成所需的长度。

安全绳应采用直径不小于13mm的钢丝绳。

2）吊篮、吊架

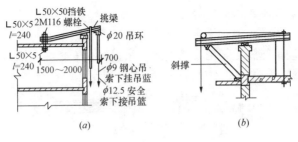

图 7-12　挑梁

①组合吊篮

组合吊篮一般采用 $\phi48$ 钢管焊接成吊篮片，再把吊篮片（图7-13中是4片）用 $\phi48$ 钢管扣接成吊篮，吊篮片间距为 2.0～2.5m，吊篮长不宜超过 8.0m，以免重量过大。

图 7-14 是双层、三层吊篮片的形式。

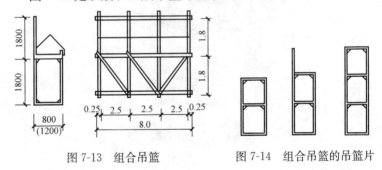

图 7-13　组合吊篮　　　　图 7-14　组合吊篮的吊篮片

②框架式吊架

框架式吊架（图7-15）用 $\phi50\times3.5$ 钢管焊接制成，主要用于外装修工程。

③桁架式工作平台

桁架式工作平台一般由钢管或钢筋制成桁架结构，并在上面铺上脚手板，常用长度有 3.6m、4.5m、6.0m 等几种，宽度一般为 1.0～1.4m。这类工作台主要用于工业厂房或框架结构的围墙施工。

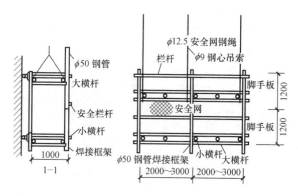

图 7-15 框架式吊架

吊篮里侧两端应装置可伸缩的护墙轮，使吊篮在工作时能与结构面靠紧，以减少吊篮的晃动。

（2）电动吊篮脚手架

电动吊篮脚手架由屋面支承系统、绳轮系统、提升机构、安全锁和吊篮（或吊架）组成（图 7-16）。目前电动吊篮都是工厂化生产的定型产品。

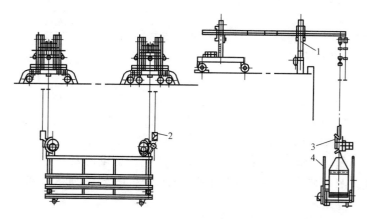

图 7-16 电动吊篮脚手架

表 7-2 为国产电动吊篮脚手架的技术性能表。

表 7-2

国产电动吊篮脚手架的技术性能表

型　　号	WD-350A	WD350B	ZLD-500
额定载重量(N) 标准篮 加长篮	3500	3500	5000 360
提升速度(m/min)	6	6	8.8
最大提升高度(m)	100	100	100
电动机功率(kW)	2×0.75	2×0.75	2×0.8
型号			DZl21-4
制动力矩(N·m)			11
电缆线型号	YHC3×2.5+ 1×1.5	YHC3×2.5+ 1×1.5	YHC3+2.5mm²+ 1×2.5mm²
钢丝绳规格	6×(31)- 9.3-170	6×(31)- 9.3-170	7×19-9.75- 170-1-左右交
破断拉力(kN)			60
工作吊篮尺寸 (mm)	2400×700×1200	3800×950×2080	3000×700×1040(标准) 6000×700×1040(加长)
安全锁型号			SAL500
吊篮自重(N)	2500	3200	3300(标准) 4400(加长)
屋面支承系统 结构自重(N)			11800

1) 屋面支承系统

屋面支承系统由挑梁、支架、脚轮、配重以及配重架等组成。图 7-17 所示为移动挑梁式支承系统。图 7-18 所示为移动桁架式支承系统。

2) 吊篮

吊篮由底篮、栏杆、挂架和附件等组成。宽度标准为 2.0m、2.5m、3m 三种。

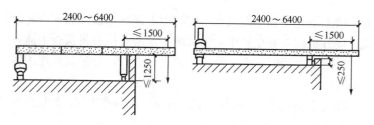

图 7-17 移动挑梁式支承系统

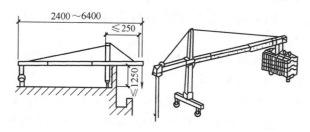

图 7-18 移动桁架式支承系统

3）安全锁

保护吊篮中操作人员不致因吊篮意外坠落而受到伤害。

2. 吊篮脚手架的搭设与拆除

（1）施工准备

1）根据施工方案，工程技术负责人必须逐级向操作人员进行技术交底。

2）根据有关规程要求，对吊篮脚手架的材料进行检查验收。不合格材料不得使用。

（2）吊篮脚手架搭设

1）搭设顺序

确定支承系统的位置→安置支承系统→挂上吊篮绳及安全绳→组装吊篮→安装提升装置→穿插吊篮绳及安全绳→提升吊篮→固定保险绳。

2）电动吊篮施工要点

①电动吊篮在现场组装完毕，经检查合格后，运到指定位

置，接上钢丝绳和电源试车，同时由上部将吊篮绳和安全绳分别插入提升机构及安全锁中，吊篮绳一定要在提升机运行中插入。

②接通电源时，要注意电动机运转方向，使吊篮能按正确方向升降。

③安全绳的直径不小于12.5mm，不准使用有接头的钢丝绳，封头卡扣不少于3个。

④支承系统的挑梁采用不小于14号的工字钢。挑梁的挑出端应略高于固定端。挑梁之间纵向应采用钢管或其他材料连接成一个整体。

⑤吊索必须从吊篮的主横杆下穿过，连接夹角保持45°，并用卡子将吊钩和吊索卡死。

⑥承受挑梁拉力的预埋铁环，应采用直径不小于16mm的圆钢，埋入混凝土的长度大于360mm，并与主筋焊接牢固。

（3）吊篮脚手架拆除

吊篮脚手架拆除顺序为：

将吊篮逐步降至地面→拆除提升装置→抽出吊篮绳→移走吊篮→拆除挑梁→解掉吊篮绳、安全绳→将挑梁及附件吊送到地面。

3. 高处作业吊篮的构造及功能

高处作业吊篮应由悬挂机构、吊篮平台、提升机构、防坠落机构、电气控制系统、钢丝绳和配套附件、连接件构成。

（1）悬挂机构

1）主要部件

每台吊篮设有两个悬挂机构，即屋面支承系统。每个悬挂机构由前、中、后梁、前后座、上支撑架、配重、加强钢丝绳、连接套、紧线器、限位夹、工作钢丝绳、安全钢丝绳、绳夹、重锤、螺栓、销轴等组成。配重每块重25kg，均匀放置在后支架的穿杆上。

2）主要功能

悬挂机构是架设于建筑物或构筑物上，通过钢丝绳悬挂吊篮平台的装置。其中工作钢丝绳是工作平台升降运行的绳梯，安全钢丝绳起锁定和保护作用。

工作钢丝绳用于悬挂和提升吊篮，是吊篮上下运行的导轨。

安全钢丝绳用于锁定和保护吊篮平台，必须独立安装在悬挂机构上。

（2）吊篮平台

1）主要部件

①单层吊篮平台的部件主要由 1120mm、1020mm 栏杆、防滑底架、安装架、挡板、支墙轮、脚轮、螺栓等组成。

②双层吊篮平台的部件主要由 1120mm、1220mm 栏杆、防滑底架、防滑带盖底架、安装架、加强筋、梯子、层间连杆、支墙轮等组成。

2）主要功能

吊篮平台是悬挂于空中四周装有栏杆，用于承载工作人员、工具设备、材料，是作业人员进行高处作业的场所。

（3）提升机构

1）主要部件

每台吊篮配有两个提升机，每个提升机均由电磁制动电机、"S"形摩擦传动爬升机构、离心限速装置、减速箱等组成。

2）主要功能

提升机是设在吊篮平台两端，沿工作钢丝绳进行升降运行的动力机构。

电机一端装有电磁制动手动释放手柄，作用是当施工时突然停电或电气故障而吊篮需要下降时，只需将手动释放手柄向上抬起，吊篮即能自动滑降，使操作人员能到达安全位置。

（4）安全锁

1）主要部件

每台吊篮设有两只安全锁，主要由绳轮、离心限速机构、物柄等组成。

2）主要功能

安全锁是固定在吊篮平台两端提升架上，是吊篮的安全保护装置，具有防倾斜保护功能。当钢丝绳断裂或一端滑降而使吊篮平台下降速度达到锁绳速度或其倾斜角度达到锁绳角度时，能自动快速地锁牢安全钢丝绳，使吊篮立即停止坠落或倾泻，并具有人工操纵开闭锁的功能。

（5）控制系统

1）主要部件

控制系统主要由电器开关箱、电源线、操纵开关、行程限位装置等组成。

2）主要功能

控制系统是使工作平台在行程限位可控范围内进行安全升降、运行停止的控制装置。

4. 高处作业吊篮的安全要求

（1）构造和安装

1）吊篮搭设构造、安装和拆除必须遵照专项施工方案进行，组装或拆除时，应3人配合操作，严格按搭设程序作业，任何人不允许改变方案。

2）高处作业吊篮所用的构配件应是同一厂家的产品。组装前应确认结构件、紧固件已经配套且完好，其规格型号和质量应符合设计要求。

3）在建筑物屋面上进行悬挂机构的组装时，作业人员应与屋面边缘保持2m以上的距离。组装场地狭小时应采取防坠落措施。

4）吊篮悬挂机构宜采用刚性连接方式进行拉结固定。前后支架的间距，应能随建筑物外形变化进行调整。

5）悬挂吊篮的支架支撑点处结构的承载能力，应大于所选择吊篮工况的荷载最大值。悬挂机构前支架应与支撑面保持垂直，脚轮不得受力。前支架严禁支撑在女儿墙上、女儿墙外或建筑物挑檐边缘。

6）悬挑横梁前高后低，前后水平高差不应大于横梁长度的

2%。前梁外伸长度应符合高处作业吊篮使用说明书的规定。

7）当使用两个以上的悬挂机构时，悬挂机构吊点水平间距与吊篮平台的吊点间距应相等，其误差不应大于50mm。

8）安装时钢丝绳应沿建筑物立面缓慢下放至地面，不得抛掷。

9）安装任何形式的悬挑结构，其施加于建筑物或构筑物支承处的作用力，均应符合建筑结构的承载能力，不得对建筑物和其他设施造成破坏和不良影响。

10）提升机应具有良好的穿绳性能，使吊篮平台能通过提升机构沿动力钢丝绳升降。不得卡绳和堵绳。

11）配重件应稳定可靠地安放在配重架上，并应有防止随意移动的措施。严禁使用破损的配重件或其他替代物。配重件的重量应符合设计规定。

12）吊篮平台四周应装有固定式的安全护栏，护栏应设有腹杆，工作面的护栏高度不应低于0.8m，其余部位则不应低于1.1m，护栏应能承受1000N的水平集中载荷。平台内工作宽度不应小于0.4m，并应设置防滑底板，底板排水孔直径最大为10mm。平台底部四周应设有高度不小于150mm的挡板，挡板与底板间隙不大于5mm。

13）高处作业吊篮安装和使用时，在10m范围内如有高压输电线路，应按照现行行业标准《施工现场临时用电安全技术规范》JGJ 46的规定，采取隔离措施。

（2）使用与检查

1）高处作业吊篮应设置作业人员专用的用以挂设安全带的安全绳及安全锁扣。安全绳应固定在建筑物可靠位置上独立于工作钢丝绳另行悬挂，不得与吊篮上任何部位有连接。在正常运行时，安全钢丝绳应处于悬垂状态。宜选用与工作钢丝绳相同的型号、规格，并应符合下列规定：

①安全绳应符合现行国家标准《安全带》GB 6095的要求，其直径应与安全锁扣的规格相一致。

②安全绳不得有松散、断股、打结现象。

③安全锁扣的部件应完好、齐全，规格和方向标识应清晰可辨。

2）吊篮正常工作时，人员应从地面进入吊篮，不得从建筑物顶部、窗口等处或其他孔洞处出入吊篮。吊篮内作业人员不应超过2个。应佩戴安全帽，系好安全带，带工具袋，严格遵守操作规程，并应将安全锁扣正确挂置在独立设置的安全绳上。

3）吊篮必须安装上行程限位装置和在断电时使悬吊平台平稳下降的手动滑降装置，宜安装下限位装置和超载保护装置。吊篮所有外露传动部分，应装有防护装置。

4）吊篮制动器必须使带有动力试验载荷的悬吊平台，在不大于100mm制动距离内停止运行。

5）对离心触发式安全锁，吊篮平台运行速度达到安全锁锁绳速度（≤30m/min）时，即能自动锁住安全钢丝绳，使吊篮平台在200mm范围内停住。对摆臂式防倾斜安全锁，悬吊平台工作时纵向倾斜角度不大于8°时，能自动锁住并停止运行。在锁绳状态下安全锁应不能自动复位。

6）安全锁必须在有效标定期限内使用，有效标定期限不大于一年。

7）使用离心触发式安全锁的吊篮在空中停留作业时，应将安全锁锁定在安全绳上；空中启动吊篮时，应先将吊篮提升使安全绳松弛后再开启安全锁。不得在安全绳受力时强行扳动安全锁开启手柄；不得将安全锁开启手柄固定于开启位置。

8）吊篮平台上应设有操纵用按钮开关，操纵系统应灵敏可靠。平台应设有靠墙轮或导向装置或缓冲装置。平台上应醒目地注明额定载重量及注意事项。手柄操作方向应有明显箭头指示。

9）吊篮宜安装防护棚，防止高处坠物造成作业人员伤害。

10）使用吊篮作业时，应排除影响吊篮正常运行的障碍。在吊篮下方可能造成坠落物伤害的范围，设置安全隔离区和警告标志，人员、车辆不得停留、通行。

11）使用境外吊篮设备应有中文使用说明书；产品的安全性能应符合我国的现行标准。

12）不得将吊篮作为垂直运输设备，不得采用吊篮运输物料。

13）每天工作前应经过安全检查员核实配重和检查悬挂机构并应进行空载运行，以确认设备处于正常状态。

14）吊篮的负载不得超过 $1kN/m^2$，吊篮平台内作业人员和材料要对称分布，不得集中在一头，保持吊篮荷载均衡。严禁超载运行或带故障使用。吊篮在正常使用时，严禁使用安全锁制动。

15）吊篮做升降运行时，工作平台两端高差不得超过150mm。吊篮升降时不要碰撞建筑物，特别是阳台、窗户等部位，应有专人负责推动吊篮，防止吊篮挂碰建筑物。

16）吊篮悬挂高度在 60m 及其以下的，宜选用长边不大于7.5m 的吊篮平台；悬挂高度在 100m 及其以下的，宜选用长边不大于 5.5m 的吊篮平台；悬挂高度 100m 以上的，宜选用不大于 2.5m 的吊篮平台。

17）进行喷涂作业或使用腐蚀性液体进行清洗作业时，应对吊篮的提升机、安全锁、电气控制柜采取防污染保护措施。

18）悬挑结构平行移动时，应将吊篮平台降落至地面，并应使其钢丝绳处于松弛状态。

19）在吊篮内进行电焊作业时，应对吊篮设备、钢丝绳、电缆采取保护措施。不得将电焊机放置在吊篮内；电焊缆线不得与吊篮任何部位接触；电焊钳不得搭挂在吊篮上。

20）在高温、高湿等不良气候和环境条件下使用吊篮时，应采取相应的安全技术措施。

21）当吊篮施工遇有雨雪、大雾、风沙及 5 级以上大风等恶劣天气时，应停止作业，并应将吊篮平台停放至地面，应对钢丝绳、电缆进行绑扎固定。

22）吊篮投入运行后，应按照使用说明书要求定期进行全面检查，并做好记录。当施工中发现吊篮设备故障和安全隐患时，应及时排除，对可能危及人身安全时，必须停止作业，并应由专业人员进行维修。维修后的吊篮应重新进行验收检查，合格后方可使用。

23）下班后不得将吊篮停留在半空中，应将吊篮放至地面。人员离开吊篮、进行吊篮维修或每日收工后应将主电源切断，并将电气柜中各开关置于断开位置并加锁。

（3）拆除与维护

1）拆除前应将吊篮平台下落至地面，并应将钢丝绳从提升机、安全锁中退出，切断总电源。

2）拆除支承悬挂结构时，应对作业人员和设备采取相应的安全措施。

3）拆卸分解后的零部件不得放置在建筑物边缘，应采取防止坠落的措施。零散物品应放置在容器中。不得将吊篮任何部件从屋顶处抛下。

4）吊篮应存放在通风、无雨淋日晒和无腐蚀气体的环境中，并将随机工具、备件及需防锈的表面和各润滑点涂以防锈脂和注入润滑油。

5）吊篮应按使用说明书要求进行检查、测试、维护保养。随行电缆损坏或有明显擦伤时，应立即维护和更换。

6）控制线路和各种电器元件，动力线路的接触器应保持干燥、无灰尘污染。钢丝绳不得折弯，不得沾有砂浆杂物等。

7）除非测试、检查和维修需要，任何人不得使安全装置或电器保护装置失效。在完成测试、检查和维修后，应立即将这些装置恢复到正常状态。

5. 吊篮脚手架的验收、检查和使用安全管理

（1）吊篮脚手架的验收

无论是手动吊篮还是电动吊篮，搭设完毕后都要由技术、安全等部门依据规范和设计方案进行验收，验收合格后方可使用，见表7-3所列。

吊篮脚手架验收表 表 ZT-AQ-439-3 2B			编号	
工程名称			安装日期	
吊篮编号			验收日期	
序号	验收项目	验收内容	验收结果	验收记录
1	施工方案及设计计算书	有专项安全施工组织设计及计算书并经上报审批，针对性强，能指导施工	□ 符合 □ 整改后符合	
		有专项安全技术交底	□ 符合 □ 整改后符合	
2	架体组装	挑梁锚固或配置设置及挑梁间距、尺寸、材质应符合设计及说明书要求，电动（手动）捯链有产品合格证	□ 符合 □ 整改后符合	
		吊篮组装符合设计要求，定型产品应有产品合格证	□ 符合 □ 整改后符合	
3	安全装置	吊篮必须装有安全锁且灵敏可靠，并在吊篮悬挂处增设一根安全钢丝绳	□ 符合 □ 整改后符合	
		两片吊篮同时升降时必须设置同步升降装置并灵敏可靠	□ 符合 □ 整改后符合	
		吊篮上应设超载保护装置和防倾斜装置并灵敏可靠	□ 符合 □ 整改后符合	
		吊钩应有保险装置并完好	□ 符合 □ 整改后符合	
		吊篮钢丝绳规格应满足设计要求，保养良好，绳卡不少于3个	□ 符合 □ 整改后符合	
		钢丝绳不得接长使用	□ 符合 □ 整改后符合	
		吊点间距、数量应符合要求	□ 符合 □ 整改后符合	
		提升钢丝绳应与地面保持垂直，不得斜拉	□ 符合 □ 整改后符合	

序号	验收项目	验收内容	验收结果	验收记录
4	脚手架	脚手板材质符合要求	□ 符合 □ 整改后符合	
		木脚手板厚度应大于50mm，宽度应大于200mm	□ 符合 □ 整改后符合	
		钢脚手板有裂纹、开焊、硬弯的不得使用	□ 符合 □ 整改后符合	
5	吊篮防护	吊篮外侧用密目式安全网封严	□ 符合 □ 整改后符合	
		作业层外侧设置1.2m和0.6m双道防护栏杆及18cm高的挡脚板	□ 符合 □ 整改后符合	
		靠建筑物的里侧设置0.8m高的防护栏杆	□ 符合 □ 整改后符合	
		多层作业，顶部应设防护顶板，顶板与作业层脚手架距离应不小于2m	□ 符合 □ 整改后符合	
6	架体稳定	吊篮在建筑物滑动时，应设导轮装置	□ 符合 □ 整改后符合	
		吊篮距建筑物间隙应不大于200mm	□ 符合 □ 整改后符合	
		作业时，吊篮应与建筑物拉牢	□ 符合 □ 整改后符合	
7	标牌	吊篮上应设置醒目的限载标志牌	□ 符合 □ 整改后符合	
8	试运转	经荷载试验，操纵装置、制动装置以及安全锁等装置应灵敏可靠，运转无异常，各零部件完好连接紧固	□ 符合 □ 整改后符合	

序号	验收项目	验收内容	验收结果	验收记录
9	其他验收项目		□ 符合 □ 整改后符合	

验收签字栏	总包单位全称			
	专业工长		安全交底人	
	专职安全员		工程经理	
	搭设单位全称		搭设单位验收人	
	使用单位全称		使用单位验收人	

总包单位验收结论： 验收合格：□ 经复查合格：□ 　项目总工：　　　　年　　月　　日	监理单位意见： 　验收合格：　□ 　经复查合格：□ 　监理工程师： 　　　　年　　月　　日

备注	1. "验收结果"栏内，一次验收合格的，在"符合"对应□内打"√"，初次验收不合格，经整改后验收合格的，在"整改后符合"对应□内打"√"。 2. "验收记录"栏内，填写验收的实际情况如量化记录等。 3. "安全交底人"是指项目部负责进行安全技术交底的技术人员。 4. 本表一式三份，安装单位、使用单位、总包项目部各存一份。

（2）吊篮脚手架的检查

在吊篮脚手架使用前，必须进行如下项目的检查，检验合格后方可使用。

1）屋面支承系统的悬挑长度是否符合设计要求，与结构的连接是否牢固可靠，配套的位置和配套量是否符合设计要求。

2）检查吊篮绳、安全绳、吊索。

3）五级及五级以上大风及大雨、大雪后应进行全面检查。

施工现场安全生产检查时，对吊篮脚手架的检查评分见表7-4所列。

吊篮脚手架检查评分表　　　　　　　　　　表 7-4

序号	检查项目		扣分标准	应得分数	扣减分数	实得分数
1	保证项目	施工方案	未编制专项施工方案或未对吊篮支架支撑处结构的承载力进行验算扣 10 分； 专项施工方案未按规定审核、审批扣 10 分	10		
2		安全装置	未安装安全锁或安全锁失灵扣 10 分； 安全锁超过标定期限仍在使用扣 10 分； 未设置挂设安全带专用安全绳及安全锁扣，或安全绳未固定在建筑物可靠位置扣 10 分； 吊篮未安装上限位装置或限位装置失灵扣 10 分	10		
3		悬挂机构	悬挂机构前支架支撑在建筑物女儿墙上或挑檐边缘扣 10 分； 前梁外伸长度不符合产品说明书规定扣 10 分； 前支架与支撑面不垂直或脚轮受力扣 10 分； 前支架调节杆未固定在上支架与悬挑梁连接的结点处扣 10 分； 使用破损的配重件或采用其他替代物扣 10 分； 配重件的重量不符合设计规定扣 10 分	10		
4		钢丝绳	钢丝绳磨损、断丝、变形、锈蚀达到报废标准扣 10 分； 安全绳规格、型号与工作钢丝绳不相同或未独立悬挂每处扣 5 分； 安全绳不悬垂扣 10 分； 利用吊篮进行电焊作业未对钢丝绳采取保护措施扣 6～10 分	10		
5		安装	使用未经检测或检测不合格的提升机扣 10 分； 吊篮平台组装长度不符合规范要求扣 10 分； 吊篮组装的构配件不是同一生产厂家的产品扣 5～10 分	10		
6		升降操作	操作升降人员未经培训合格扣 10 分； 吊篮内作业人员数量超过 2 人扣 10 分； 吊篮内作业人员未将安全带使用安全锁扣正确挂置在独立设置的专用安全绳上扣 10 分； 吊篮正常使用，人员未从地面进入篮内扣 10 分	10		
		小计		60		

序号	检查项目		扣分标准	应得分数	扣减分数	实得分数
7		交底与验收	未履行验收程序或验收表未经责任人签字扣10分； 每天班前、班后未进行检查扣5~10分； 吊篮安装、使用前未进行交底扣5~10分	10		
8	一般项目	防护	吊篮平台周边的防护栏杆或挡脚板的设置不符合规范要求扣5~10分； 多层作业未设置防护顶板扣7~10分	10		
9		吊篮稳定	吊篮作业未采取防摆动措施扣10分； 吊篮钢丝绳不垂直或吊篮距建筑物空隙过大扣10分	10		
10		荷载	施工荷载超过设计规定扣5分； 荷载堆放不均匀扣10分； 利用吊篮作为垂直运输设备扣10分	10		
		小计		40		
检查项目总计				100		

（3）吊篮安全管理

1）吊篮组装前施工负责人、技术负责人要根据工程情况编制吊篮组装施工方案和安全措施，并组织验收。

2）组装吊篮所用的料具，要认真验选，用焊件组合的吊篮，焊件要经技术部门检验合格，方准使用。

3）吊篮脚手架使用荷载不准超过 $120kg/m^2$（包括人体重）。吊篮上的人员和材料要对称分布，不得集中在一头，保证吊篮两端负载平衡。

4）吊篮脚手架提升时，操作人员不准超过 2 人。

5）严禁在吊篮的防护以外和护头棚上作业，任何人不准擅自拆改吊篮，因工作需要必须改动时，要将改动方案报技术、安全部门和施工负责人批准后，由架子工拆改，架子工拆改后经有关部门验收后，方准使用。

6）五级大风天气，严禁作业。在大风、大雨、大雪等恶劣天气过后，施工人员要全面检查吊篮，保证安全使用。

（三）附着升降脚手架

凡采用附着于工程结构、依靠自身提升设备实现升降的悬空脚手架，统称为附着升降脚手架。由于它具有沿工程结构爬升（降）的状态属性，因此，也可称为"爬升脚手架"或简称"爬架"。

1. 附着升降脚手架的工作原理和类型

（1）附着升降脚手架的工作原理

附着升降脚手架是指预先组装一定高度（一般为四层高）的脚手架，将其附着在建筑工程结构的外侧，当一层主体结构施工完后，利用自身的提升设备，从下至上提升一层，施工上一层主体。在工程装饰装修阶段，再从上至下装修一层下降一层，直至装修施工完毕。附着升降脚手架可以整体提升，也可分段提升。比落地式脚手架大大节省工料。

附着升降脚手架系在挑、吊、挂脚手架的基础上增加升降功能所形成并发展起来的，是具有较高技术含量的高层建筑脚手架。操作条件大大优于单独使用的各式吊篮，所以具有良好的经济效益和社会效益。当建筑物的高度在 80m 以上时，其经济性则更为显著。现今已成为高层建筑施工外脚手架的主要形式。

（2）附着升降脚手架的类型

1）按附着支承方式划分

附着支承是将脚手架附着于工程边侧结构（墙体、框架）之侧并支承和传递脚手架荷载的附着构造，按附着支承方式可划分成以下 7 种，如图 7-19 所示。

①套框（管）式附着升降脚手架

即由交替附着于墙体结构的固定框架和滑动框架（可沿固

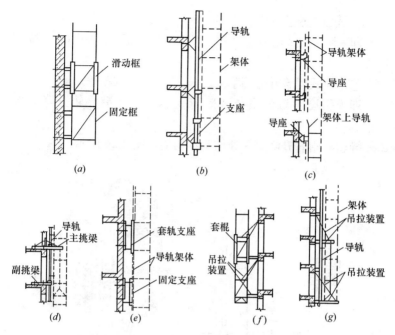

图 7-19　附着支承结构的 7 种形式示意

(a) 套框式；(b) 导轨式；(c) 导座式；(d) 挑轨式；(e) 套轨式；

(f) 吊套式；(g) 吊轨式

框架滑动）构成的附着升降脚手架。

②导轨式附着升降脚手架

即架体沿附着于墙体结构的导轨升降的脚手架。

③导座式附着升降脚手架

即带导轨架体沿附着于墙体结构的导座升降的脚手架。

④挑轨式附着升降脚手架

即架体悬吊于带防倾导轨的挑梁带（固定于工程结构的）下并沿导轨升降的脚手架。

⑤套轨式附着升降脚手架

即架体与固定支座相连并沿套轨支座升降、固定支座与套轨支座交替与工程结构附着的升降脚手架。

⑥吊套式附着升降脚手架

即采用吊拉式附着支承的、架体可沿套框升降的附着升降脚手架。

⑦吊轨式附着升降脚手架。

即采用设导轨的吊拉式附着支承、架体沿导轨升降的脚手架。

导轨式附着升降脚手架的基本构造如图 7-20 所示。

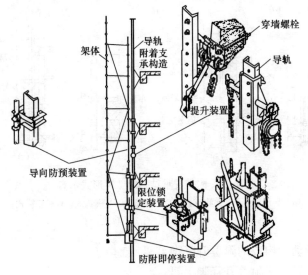

图 7-20　导轨式附着升降脚手架

导座式附着升降脚手架的基本构造如图 7-21 所示。

套框（管）式附着升降脚手架的基本构造如图 7-22 所示。

套轨式附着升降脚手架的基本构造如图 7-23 所示。

2）按升降方式划分

附着升降脚手架都是由固定、或悬挂、吊挂于附着支承上的各节（跨）3～7 层（步）架体所构成，按各节架体的升降方式可划分为：

230

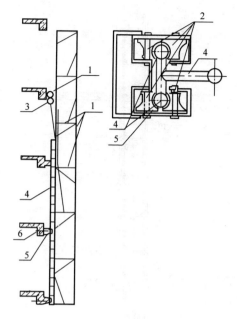

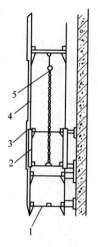

图 7-21　导座式附着升降脚手架

1—吊挂支座；2—提升设备；3—架体；
4—导轨；5—导座；6—固定螺栓

图 7-22　套框（管）式附着
升降脚手架

1—固定框（大爬架），ϕ48 ×
3.5mm 钢管焊接；2—滑动框
（小爬架），ϕ63.5×4mm 钢管焊
接；3—纵向水平架；4—安全
网；5—提升机具（捯链）

①挑梁式附着升降脚手架

以固定在结构上的挑梁为支点来升降附着升降脚手架。原理
如图 7-24 所示。

②套管式附着升降脚手架

通过固定框和活动框的交替升降来带动架体结构升降的附着
升降脚手架。原理如图 7-25 所示。

③导轨式附着升降脚手架

将导轨固定在建筑物上，架体结构沿导轨升降的附着升降脚
手架。原理如图 7-26 所示。

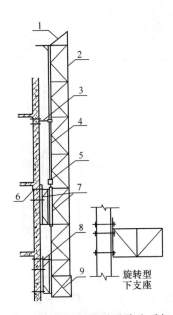

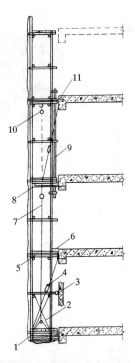

图 7-23 套轨式附着升降脚手架

1—三角挂架；2—架体；3—滚动支座；4—导轨；5—防坠装置；6—穿墙螺栓；7—滑动支座 B；8—固定支座；9—架底框架

图 7-24 挑梁式附着升降脚手架升降原理

1—承力托盘；2—承力桁架；3—导向轮；4—可调拉杆；5—脚手板；6—连墙件；7—提升设备；8—提升梁架；9—导向轨；10—小捌链；11—导轨滑套

④互爬式附着升降脚手架

即相邻架体互为支托并交替提升（或落下）的附着升降脚手架。

互爬升降的附着升降脚手架的升降原理（图 7-27）是，每一个单元脚手架单独提升，当提升某一单元时，先将提升捌链的吊钩挂在与被提升单元相邻的两架体上，提升捌链的挂钩则钩住被提升单元底部，解除被提升单元约束，操作人员站在两相邻的

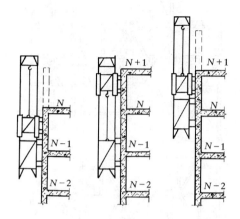

图 7-25 套管式附着升降脚手架升降原理

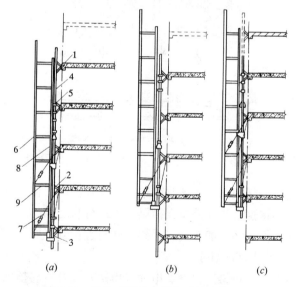

图 7-26 导轨式附着升降脚手架升降原理

（a）爬升前；（b）爬升后；（c）再次爬升前

1—连接挂板；2—连墙件；3—连墙件座；4—导轨；5—限位锁；

6—脚手架；7—斜拉钢丝绳；8—立杆；9—横杆

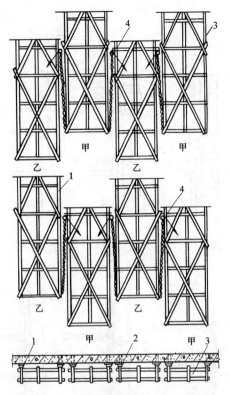

图 7-27　互爬式附着升降脚手架升降原理

1—连墙支座；2—提升横梁；3—提升单元；4—手拉捯链

架体上进行升降操作。当该升降单元升降到位后，将其与建筑物固定好，再将捯链挂在该单元横梁上，进行与之相邻的脚手架单位的升降操作。相隔的单元脚手架可同时进行升降操作。

　　3）按提升设备划分

　　分为手动（捯链）提升、电动（捯链）提升、卷扬机提升和液压提升 4 种，其提升设备分别使用手动捯链、电动捯链、小型卷扬机和液压升降设备。手动捯链只用于分段（1～2 跨架体）提升和互爬提升，不准超过两个吊点的单片脚手架的升降；电动捯链可用于分段和整体提升；卷扬提升方式用的较少；而液压提升方式则仍处在技术不断地发展中。

4）按其用途划分

分为带模板和不带模板的附着升降脚手架。

2. 附着升降脚手架的构造与装置

附着升降脚手架实际上是把一定高度的落地式脚手架移到了空中，脚手架一般搭设四个标准层高再加上一步护身栏杆为架体的总高度。架体由承力构架支承，并通过附着装置与工程结构连接。所以附着升降脚手架的组成应包括：架体结构、附着支承装置、提升机构和设备、安全装置和控制系统几个部分。

附着升降脚手架属侧向支承的悬空脚手架，架体的全部荷载通过附着支承传给工程结构承受。其荷载传递方式为：架体的竖向荷载传给水平梁架，水平梁架以竖向主框架为支座，竖向主框架承受水平梁架的传力及主框架自身荷载，主框架荷载通过附着支承结构传给建筑结构。

（1）架体结构

由竖向主框架、水平梁架和架体板构成，如图 7-28 所示。

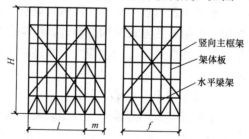

图 7-28　附着升降脚手架的架体构成

1）竖向主框架

竖向主框架是脚手架的重要构件，它构成架体结构的边框架，与附着支承装置连接，并将架体荷载传给工程主体结构。带导轨架体的导轨一般都设计为竖向主框架的内侧立杆。竖向主框架可做成单片框架或格构式框架，必须是刚性的框架，不允许产生变形，以确保传力的可靠性。所谓刚性，包含两方面，一是组成框架的杆件必须有足够的强度、刚度；二是杆件的节点必须是刚性，受力过程中杆件的角度不变化。

采用扣件连接组成的杆件节点是半刚性半铰接的，荷载超过一定数值时，杆件可产生转动，所以规定支撑框架与主框架不允许采用扣件连接，必须采用焊接或螺栓连接的加强的定型框架，并与水平梁架和架体构造成整体作用，以提高架体结构的稳定性。

2）水平梁架

水平梁架一般设于底部，承受架体板传下来的架体荷载并将其传给竖向主框架，水平梁架的设置也是加强架体的整体性和刚度的重要措施，因而要求采用定型焊接或组装的型钢桁架结构。不准采用钢管扣件连接。当用定型桁架不能连续设置时，局部可用脚手管连接，但其长度不大于2m，并且必须采取加强措施，确保其连接刚度和强度不低于桁架梁式结构。

里外两片相邻水平梁架的上下弦两端应加设水平剪刀撑，以增加整体刚度。

主框架、水平梁架各节点中，各杆件轴线应汇交于一点。

水平梁架与主框架连接方式的构造设计，应考虑当主框架之间出现升降差时，在连接处产生的次应力，故连接处应有一定倾斜变形调整能力。

架体立杆应直接作用于水平梁架上弦各节点上，进行可靠连接不得悬空。当水平梁架采用焊接桁架片组装时，其竖杆宜采用$\phi48\times3.5$钢管并伸出其上弦杆，相邻竖杆的伸出长度应相差不小于500mm，以便向上接架体板的立杆，使水平梁架和架体板形成整体。

3）架体板

除竖向主框架和水平梁架的其余架体部分称为"架体板"，在承受风侧等水平荷载（侧力）作用时，它相当于两端支承于竖向主框架之上的一块板，同时也避免与整个架体相混淆。

脚手架架体可采用碗扣式或扣件式钢管脚手架，其搭设方法和要求与常规搭设基本相同。双排脚手架的宽度为 0.9～1.1m，应符合架体宽度不大于 1.2m。直线布置的架体每段脚手架下部支承跨度不应大于 8m，折线或曲线布置的架体支承跨度不应大于 5.4m，并且架体全高（最低层横杆至最上层护栏横杆距离）与支承跨度的乘积不大于 110m²。这样，可以使架体重心不偏高，有利于稳定。

脚手架的立杆可按 1.5m 设置，扣件的紧固力矩 40～50N·m，并按规定设置防倾装置。架体外立面必须沿全高设置剪刀撑。剪刀撑跨度不得大于 6.0m，水平夹角为 45°～60°，并应将竖向主框架、架体水平梁架和架体板连成一体。当有悬挑段时，整体式附着升降脚手架架体的悬挑长度不得大于 1/2 水平支承跨度和 3m；单片式附着升降脚手架架体的悬挑长度不应大于 1/4 水平支承跨度；并以竖向主框架为中心，成对设置斜拉杆（应靠近悬挑梁端部），斜拉杆水平夹角不小于 45°，确保悬挑段的传载和安全工作要求。

架体结构在以下部位应采取可靠的加强构造措施：

①与附着支承结构的连接处；

②架体上升降机构的设置处；

③架体上防倾、防坠装置的设置处；

④架体吊拉点设置处；

⑤架体平面的转角处；

⑥架体因碰到塔吊、施工电梯、物料平台等设施而需要断开或开洞处；

⑦其他有加强要求的部位。

（2）附着支承

附着支承是附着升降脚手架的主要承载传力装置。附着升降脚手架在升降和到位后的使用过程中，都是靠附着支承附着于工程结构上来实现其稳定的。附着支承有三个作用：可靠的承受和传递架体荷载，把主框架上的荷载可靠地传给工程结构；保证架体稳定地附着在工程结构上，确保施工安全；满足提升、防倾、防坠装置的要求，包括能承受坠落时的冲击荷载。

　　附着支承的形式主要有挑梁式、拉杆式、导轨式、导座（或支座、锚固件）和套框（管）这 5 种，并可根据需要组合使用。为了确保架体在升降时处于稳定状态，避免晃动和抵抗倾覆作用，应达到以下要求：

　　附着支承与工程结构每个楼层都必须设连接点，架体主框架沿竖向侧，架体在任何状态（使用、上升或下降）下，确保架体竖向主框架能够单独承受该跨全部设计荷载和防止坠落与倾覆作用的附着支承构造均不得少于两套。支承构造应拆装顺利，上下、前后、左右三个方向应具有对施工误差可以调节的措施，以避免出现过大的安装应力和变形。

　　必须设置防倾装置。也即在采用非导轨或非导座附着方式（其导轨或导座既起支承和导向作用，也起防倾作用）时，必须另外附设防倾导杆。而挑梁式和吊拉式附着支承构造，在加设防倾导轨后，就变成了挑轨式和吊轨式。

　　附着支承或钢挑梁与工程结构的连接质量必须符合设计要求。做到严密、平整、牢固；对预埋件或预留孔应按照节点大样图做法及位置逐一进行检查，并绘制分层检测平面图，记录各层各点的检查结果和加固措施。当用附墙支承或钢挑梁时，其设置处混凝土强度等级应有强度报告，符合设计规定，并不得小于C10。由于上附着支承点处混凝土强度较低，在设计时应考虑有足够的支承面积，以保证传载的要求。

　　钢挑梁的选材、制作与焊接质量均按设计要求。连接螺栓不能使用板牙套制的三角形断面螺纹螺栓，必须使用梯形螺纹螺栓，以保证螺纹的受力性能，并用双螺母紧固。螺栓与混凝土之间垫板的尺寸按计算确定，并使垫板与混凝土表面接触严密。

　　预留孔或预埋件应垂直于表面，其中心误差应小于 15mm。附着支承结构采用普通穿墙螺栓与工程结构连接时，应采用双螺母固定，螺杆露出螺母不少于 3 扣，垫板应经设计并不小于80mm×80mm×8mm。当附着点采用单根穿墙螺栓锚固时，应具有防止扭转的措施。严禁少装螺栓和使用不合格螺栓。

（3）提升机构和设备

目前脚手架的升降装置有四种：手动捯链、电动捯链、专用卷扬机、穿芯液压千斤顶。最常用的是电动捯链，由于手动捯链是按单个使用设计的，不能群体使用，所以当使用三个或三个以上的捯链群吊时，手动捯链操作无法实现同步工作，容易导致事故的发生，故规定使用手动捯链最多只能同时使用两个吊点的单跨脚手架的升降，因为两个吊点的同步问题相对比较容易控制。

按规定，升降必须有同步装置控制。分析附着升降脚手架的事故，不管起初原因是什么，最终多是由于架体升降过程中吊点不同步，偏差过大，提升机受力不一致造成的。所以同步装置是附着升降脚手架最关键性的装置，它可以预见隐患，及早采取预防措施防止事故发生。可以说，设置防坠装置是属于保险装置，而设置同步装置则是主动的安全装置。当脚手架的整体安全度足够时，关键就是控制平稳升降，不发生意外超载。

同步升降装置应该具备自动显示、自动报警和自动停机功能。操作人员随时可以看到各吊点显示的数据，为升降作业的安全提供可靠保障。同步装置应从保证架体同步升降和监控升降荷载的双控方法来保证架体升降的同步性，即通过控制各吊点的升降差和承载力两个方面进行控制，来达到升降的同步避免发生超载。升降时控制各吊点同步差在 3cm 以内；吊点的承载力应控制在额定承载力的 80％。当实际承载力达到和超过额定承载力的 80％时，该吊点应自动停止升降，防止发生超载。

按照《起重机械安全规程》GB 6067 规定，索具、吊具的安全系数≥6。提升机具的实际承载能力安全系数应在 3～4 之间，即当相邻提升机具发生故障时，此机具不因超载同时发生故障。

（4）安全装置和控制系统

附着升降脚手架的安全装置包括防坠和防倾装置。为防止脚手架在升降情况下发生断绳、折轴等故障造成坠落事故和保障在升降情况下，脚手架不发生倾斜、晃动，必须设置防坠落和防倾斜装置。

防倾采用防倾导轨及其他适合的控制架体水平位移的构造。为了防止架体在升降过程中，发生过度的晃动和倾覆，必须在架体每侧沿竖向设置 2 个以上附着支承和升降轨道，以控制架体的晃动不大于架体全高的 1/200 和不超过 60mm。防倾斜装置必须具有可靠的刚度，必须与竖向主框架、附着支承结构或工程结构做可靠连接，连接方法可采用螺栓连接，不准采用钢管扣件或碗扣连接。竖向两处防倾斜装置之间距离不能小于 1/3 架体全高，控制架体升降过程中的倾斜度和晃动的程度，在两个方向（前后、左右）均不超过 3m。防倾斜装置轨道与导向装置间隙应小于 5mm，在架体升降过程中始终保持水平约束，确保升降状态的稳定和安全不倾翻。

防坠装置则为防止架体坠落的装置。即在升降或使用过程中一旦因断链（绳）等造成架体坠落时，能立即动作，及时将架体制停在附着支承或其他可靠支承结构上，避免发生伤亡事故。防坠装置的制动有棘轮棘爪、楔块斜面自锁、摩擦轮斜面自锁、模块套管、偏心凸轮、摆针等多种类型（图 7-29），一般都能达到制停的要求。

防坠落装置必须灵敏可靠，应该确保从架体发生坠落开始，至架体被制动住的时间不超过 3s，在制动时间内坠落距离不大于 150mm（整体提升制动距离不大于 80mm）。防坠装置必须设置在主框架部位，由于主框架是架体的主要受力结构，又与附着支承相连，这样就可以把制动荷载及时传给工程结构承受。同时还规定了防坠装置最后应通过两处以上的附着支承（每一附着支承结构均能承担坠落荷载）向工程结构传力，主要是防止当其中有一处附着支撑有问题时，还有另一处作为传力保障。

防坠装置必须在施工现场进行足够次数（100～150 次）的坠落试验。以确认抗疲劳性及可靠度符合要求。

（5）脚手板

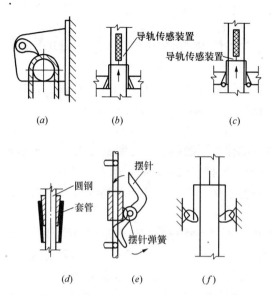

图 7-29　防坠装置的制动类型示意
(a) 棘轮棘爪型；(b) 楔块斜面自锁型；(c) 摩擦轮斜面
自锁型；(d) 模块套管型；(e) 偏心凸轮型；(f) 摆针型

1）附着式升降脚手架为定型架体，故脚手板应按每层架体间距合理铺设，铺满铺严，无探头板并与架体固定绑牢。有钢丝绳穿过处的脚手板，其孔洞应规则，不能留有过大洞口。人员上下各作业层应设专用通道和扶梯。

2）架体升降时底层脚手板设置可折起的翻板构造，保持架体底层脚手板与建筑物表面在升降和正常使用中的间隙，作业时必须封严，防止物料坠落。

3）脚手架板材质量符合要求，应使用厚度不小于 5cm 的木板或专用钢制板网，不准用竹脚手板。

（6）物料平台

物料平台必须单独设置，将其荷载独立地传递给工程结构。平台各杆件不得以任何形式与附着升降脚手架相连接，物料平台所在跨的附着升降脚手架应单独升降，并采取加强措施。

(7) 防护措施

1) 脚手架外侧用密目安全网（≥800 目/100cm²）封闭，安全网的搭接处必须严密并与脚手架可靠固定。

2) 各作业层都应按临边防护的要求设置上、下两道防护栏杆（上杆高度 1.2m，下杆高度 0.6m）和挡脚板（高度 180mm）。

3) 最底部作业层的脚手板必须铺设严密，下方应同时采用密目安全网及平网挂牢封严，防止落人、落物。

4) 升降脚手架下部、上部建筑物的门窗及孔洞，也应进行封闭。

5) 单片式和中间断开的整体式附着升降脚手架，在使用工况下，其断开处必须封闭并加设栏杆；在升降工况下，架体开口处必须有可靠的防止人员及物料坠落的措施。

附着升降脚手架在升降过程中，必须确保升降平稳。

3. 附着升降脚手架的搭设

现以导轨式附着升降脚手架的搭设为例，介绍附着升降脚手架的搭设过程

导轨式附着升降脚手架由脚手架、爬升机构和提升系统组成。脚手架用碗扣式或扣件式钢管脚手架标准杆件搭设而成，搭设方法及要求同常规方法。爬升机构由导轨、导轮组、提升滑轮组、提升挂座、连墙支杆、连墙支座杆、连墙挂板、限位锁、限位锁挡块及斜拉钢丝绳等定型构件组成。提升系统可用手拉或电动捯链提升。

导轨式附着升降脚手架对组装的要求较高，必须严格按照设计要求进行。组装顺序为：搭设操作平台→搭设底部架→搭设上部脚手架→安装导轨→在建筑物上安装连墙挂板、支杆和支杆座→安提升挂座→装提升捯链→装斜拉钢丝绳→装限位锁→装电控操作台（仅电动捯链用）。

附着升降脚手架的搭设应在操作工作平台上进行搭设组装。工作平台面低于楼面 300～400mm，高空操作时，平台应有防护

措施。操作要点如下：

（1）选择安装起始点、安放提升滑轮组并搭设底部架子

脚手架安装的起始点一般选在附着升降脚手架的提升机构位置不需要调整的地方。

安放提升滑轮组，并与架子中导轨位置相对应的立杆连接，并以此立杆为准向一侧或两侧依次搭设底部架。

脚手架的步距为1.8m，最底一步架横杆步距为600mm，或者用钢管扣件增设纵向水平横杆并设纵向水平剪刀撑以增强脚手架承载能力。跨距不大于1.85m，宽度不大于1.25m。组装高度宜为3.5～4.5倍楼层高。爬升机构水平间距宜在7.4m以内，在拐角处适当加密。

与提升滑轮组相连（即与导轨位置相对应）的立杆一般是位于脚手架端部的第二根立杆，此处要设置从底到顶的横向斜杆。

底部架搭设后，对架子应进行检查、调整。要求：横杆的水平度偏差≤$L/400$（L为脚手架纵向长度）；立杆的垂直度偏差＜$H/500$（H为脚手架高度）；脚手架的纵向直线度偏差＜$L/200$。

（2）脚手架架体搭设

以底部架为基础，配合工程施工进度搭设上部脚手架。

与导轨位置相对应的横向承力框架内沿全高设置横向斜杆，在脚手架外侧沿全高设置剪刀撑；在脚手架内侧安装爬升机械的两立杆之间设置横向斜撑（图7-30）。

脚手板、扶手杆除按常规要求铺放外，底层脚手板必须用木脚手板或者用无网眼的钢脚手板密铺，并要求横向铺至建筑物外墙，不留间隙。

脚手架外侧满挂安全网，并从脚手架底部兜过来固定在建筑物上。

（3）安装导轮组、导轨

在脚手架架体与导轨相对应的两根立杆上，各上、下安装两组导轮组，然后将导轨插进导轮和提升滑轮组下（图7-31）的

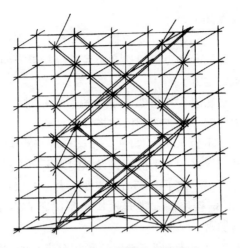

图 7-30 框架内横向斜撑设置

导孔中，如图 7-32 所示。

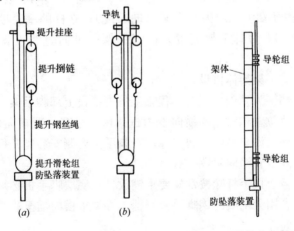

图 7-31 提升机构　　　　图 7-32 导轨与架体连接

在建筑物结构上安装连墙挂板、连墙支杆、连墙支座杆，再将导轨与连墙支座连接（图 7-33）。

当脚手架（支架）搭设到两层楼高时即可安装导轨，导轨底部应低于支架 1.5m 左右，每根导轨上相同的数字应处于同一水

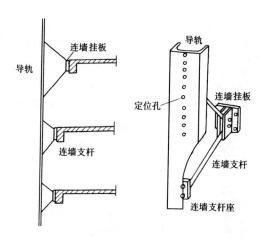

图 7-33　导轨与结构连接

平上。每根导轨长度一定，有 3.0m、2.8m、2.0m、0.9m 等几种，可竖向接长。

两根连墙杆之间的夹角宜控制在 45°～150°内，用调整连墙杆的长短来调整导轨的垂直度，偏差控制在 $H/400$ 以内。

（4）安装提升挂座、提升捯链、斜拉钢丝绳、限位器

将提升挂座安装在导轨上（上面一组导轮组下的位置），再将提升捯链挂在提升挂座上。当提升挂座两侧各挂一个提升捯链时，架子高度可取 3.5 倍楼层高，导轨选用 4 倍楼层高，上下导轨之间的净距应大于 1 倍楼层加 2.5m；当提升挂座两侧一侧挂提升捯链，另一侧挂钢丝绳时，架子高度可取 4.5 倍楼层高，导轨选用 5 倍楼层高，上下导轨之间的净距应大于 2 倍楼层加 1.8m。

钢丝绳下端固定在支架立杆的下碗扣底部，上部用花篮螺栓安装在连墙挂板上，挂好后将钢丝绳拉紧（图 7-34）。

若采用电动捯链则在脚手架上搭设电控柜操作台，并将电缆线布置到每个提升点，同电动捯链连接好（注意留足电缆线长度）。

限位锁固定在导轨上，并在支架立杆的主节点下碗扣底部安

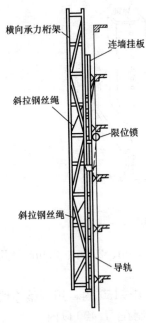

横向承力桁架

连墙挂板

斜拉钢丝绳

限位锁

斜拉钢丝绳

导轨

图7-34 限位锁设置

装限位锁夹。

导轨式附着升降脚手架允许三层同时作业,每层作业荷载20kN/m^2。每次升降高度为一个楼层。

4. 附着升降脚手架的检查、验收和使用安全管理

(1)附着升降脚手架搭设质量的检查、验收

附着升降脚手架所用各种材料、工具和设备应具有质量合格证、材质单等质量文件。使用前应按相关规定对其进行检验。不合格产品严禁投入使用。

附着式升降脚手架在使用过程中,每升降一层都要进行一次全面检查,每次升降都有各自的不同作业条件,所以每次都要按照施工组织设计中要求的内容进行全面检查。

附着升降脚手架组装完毕后,提升(下降)作业前,必须检查准备工作是否满足升降时的作业条件。主要检查:

1)升降开始操作之前,确认脚手架已经验收,提出不足之处已经整改,并有验收合格手续。

2)升降之前,应将脚手架上的材料、机具、人员撤走。

3)脚手架与工程结构之间连接处已全部脱离,脚手板等处与建筑物之间已留出升降空隙,防止升降过程中发生碰、挂现象。

4)所有节点螺栓是否紧固,附着支承是否按要求紧固,提升设备承力架是否调平。严禁少装附着固定连接螺栓和使用不合格螺栓。

5）准备起用附着支撑处或钢挑梁处的混凝土强度应达到附着支承对其附加荷载的要求，预埋件或预留孔位置准确。

6）升降动力设备是否工作正常。

7）检查各点提升机具吊索是否处于同步状态，保证每台提升机具状况良好。提升设备的绳、链有无扭曲翻链现象。电机电缆已留够升降高度，防止拉断电缆。

8）架体结构中采用普通脚手架杆件搭设的部分，其搭设质量要达到要求。

9）防倾装置应按设计要求安装。

10）防坠装置应检查灵敏可靠。

11）各岗位施工人员是否落实到位。

12）各种安全防护设施齐备并符合设计要求。分段提升的脚手架，两端敞开处已用密目网封闭。

13）电源、电缆及控制柜等的设置应符合用电安全的有关规定。

14）附着升降脚手架施工区域应有防雷措施。

15）附着升降脚手架应设置必要的消防及照明设施。

16）同时使用的升降动力设备、同步与荷载控制系统及防坠装置等专项设备，应分别采用同一厂家、同一规格型号的产品。

17）动力设备、控制设备、防坠装置等应有防雨、防砸、防尘等措施。

18）其他需要检查的项目。

经检查合格后，方可进行升降操作。

脚手架升降过程中应注意以下问题：

1）随时注意各机位的同步性，有专人负责观察及注意同步装置的显示结果，发现问题及时解决。

2）注意检查提升设备运转是否正常，以及绳链有无扭曲卡链现象。

3）升降过程的脚手架与建筑物之间距离变化，防止挂拉建筑物。

4）注意检查防倾装置受力后是否有倾斜变形，应及时调整减少架体晃动。

5）升降过程中任何人不得停留在脚手架上，或在脚手架上操作，防止发生事故。

附着升降脚手架升降到位，不能立即上人进行作业，必须把脚手架进行固定并达到上人作业的条件。因此必须通过以下检查项目，经验收符合要求后再上人操作。

1）附着支承和架体已按使用状况下的设计要求固定完毕；所有螺栓连接处已按规定紧固；各承力件预紧程度应一致。

2）碗扣和扣件接头无松动。

3）所有安全防护已无漏洞、齐备。

4）所有脚手板已按规定铺牢铺严。

5）经过塔吊、外用电梯的附墙处，对已拆除的脚手架已复位。

6）检查架体的垂直度有无变化，防倾装置及时紧固。

7）其他必要的检查项目。

每次验收应有按施工组织设计规定内容记录检查的结果，并有责任人签字。

建筑工地进行安全生产检查时，采用安全检查评分表的评分要求见表7-5所列。

（2）附着升降脚手架的使用与安全管理

国务院建设行政主管部门对从事附着升降脚手架工程的施工单位实行资质管理，未取得相应资质证书的不得施工。

使用前，应根据工程结构特点、施工环境、条件及施工要求编制"附着升降脚手架专项施工方案"，并根据有关规定要求办理使用手续，备齐相关文件资料。

附着式升降脚手架的安装搭设都必须按照施工组织设计的要求及施工图进行，安装后应经验收并进行荷载试验，确认符合设计要求时，方可正式使用。

附着式升降脚手架（整体提升架或爬架）检查评分表　表 7-5

序号	检查项目		扣分标准	应得分数	扣减分数	实得分数
1		施工方案	未编制专项施工方案或未进行设计计算扣10分； 专项施工方案未按规定审核、审批扣10分； 脚手架提升高度超过150m，专项施工方案未按规定组织专家论证扣10分	10		
2	保证项目	安全装置	未采用机械式的全自动防坠落装置或技术性能不符合规范要求扣10分； 防坠落装置与升降设备未分别独立固定在建筑结构处扣10分； 防坠落装置未设置在竖向主框架处与建筑结构附着扣10分； 未安装防倾覆装置或防倾覆装置不符合规范要求扣10分； 在升降或使用工况下，最上和最下两个防倾装置之间的最小间距不符合规范要求扣10分； 未安装同步控制或荷载控制装置扣10分； 同步控制或荷载控制误差不符合规范要求扣10分	10		
3		架体构造	架体高度大于5倍楼层高扣10分； 架体宽度大于1.2m扣10分； 直线布置的架体支承跨度大于7m，或折线、曲线布置的架体支撑跨度的架体外侧距离大于5.4m扣10分； 架体的水平悬挑长度大于2m或水平悬挑长度未大于2m但大于跨度1/2扣10分； 架体悬臂高度大于架体高度2/5或悬臂高度大于6m扣10分； 架体全高与支撑跨度的乘积大于110m^{2}扣10分	10		

序号	检查项目		扣分标准	应得分数	扣减分数	实得分数
4	保证项目	附着支座	未按竖向主框架所覆盖的每个楼层设置一道附着支座扣10分； 在使用工况时，未将竖向主框架与附着支座固定扣10分； 在升降工况时，未将防倾、导向的结构装置设置在附着支座处扣10分； 附着支座与建筑结构连接固定方式不符合规范要求扣10分	10		
5		架体安装	主框架和水平支撑桁架的结点未采用焊接或螺栓连接或各杆件轴线未交汇于主节点扣10分； 内外两片水平支承桁架的上弦和下弦之间设置的水平支撑杆件未采用焊接或螺栓连接扣5分； 架体立杆底端未设置在水平支撑桁架上弦各杆件汇交结点处扣10分； 与墙面垂直的定型竖向主框架组装高度低于架体高度扣5分； 架体外立面设置的连续式剪刀撑未将竖向主框架、水平支撑桁架和架体构架连成一体扣8分	10		
6		架体升降	两跨以上架体同时整体升降采用手动升降设备扣10分； 升降工况时附着支座在建筑结构连接处混凝土强度未达到设计要求或小于C10扣10分； 升降工况时架体上有施工荷载或有人员停留扣10分	10		
		小计		60		

序号	检查项目		扣分标准	应得分数	扣减分数	实得分数
7		检查验收	构配件进场未办理验收扣6分； 分段安装、分段使用未办理分段验收扣8分； 架体安装完毕未履行验收程序或验收表未经责任人签字扣10分； 每次提升前未留有具体检查记录扣6分； 每次提升后、使用前未履行验收手续或资料不全扣7分	10		
8	一般项目	脚手板	脚手板未满铺或铺设不严、不牢扣3～5分； 作业层与建筑结构之间空隙封闭不严扣3～5分； 脚手板规格、材质不符合要求扣5～8分	10		
9		防护	脚手架外侧未采用密目式安全网封闭或网间不严扣10分； 作业层未在高度1.2m和0.6m处设置上、中两道防护栏杆扣5分； 作业层未设置高度不小于180mm的挡脚板扣5分	10		
10		操作	操作前未向有关技术人员和作业人员进行安全技术交底扣10分； 作业人员未经培训或未定岗定责扣7～10分； 安装拆除单位资质不符合要求或特种作业人员未持证上岗扣7～10分； 安装、升降、拆除时未采取安全警戒扣10分； 荷载不均匀或超载扣5～10分	10		
		小计		40		
检查项目合计				100		

组装前，根据专项施工组织设计要求，配备合格人员，明确岗位职责，并对有关施工人员进行安全技术交底。在每次升降以及拆卸前也应根据专项施工组织设计要求对施工人员进行安全技术交底。

按照有关规范、标准及施工组织设计中制定的安全操作规程，进行培训考核，专业工种应持证上岗并明确责任。

附着升降脚手架在首层组装前应设置安装平台，安装平台要有保障施工人员安全的防护设施，安装平台的水平精度和承载能力应满足架体安装的要求。

脚手架的提升机具是按各起吊点的平均受力布置，所以架体上荷载应尽量均布平衡，防止发生局部超载。规定升降时架体上活荷载为 $0.5kN/m^2$，是指不能有人在脚手架上停留和大宗材料堆放，也不准有超过 2000N 重的设备等。

1）附着升降脚手架的安装应符合以下规定：

①水平梁架及竖向主框架在两相邻附着支承结构处的高差应不大于 20mm。

②竖向主框架和防倾导向装置的垂直偏差应不大于 5‰和 60mm。

③预留穿墙螺栓孔和预埋件应垂直于结构外表面，其中心误差应小于 15mm。

2）附着升降脚手架的升降操作必须遵守以下规定：

①严格执行升降作业的程序规定和技术要求。

②严格控制并确保架体上的荷载符合设计规定。

③所有妨碍架体升降的障碍物必须拆除。

④所有升降作业要求解除的约束必须拆开。

⑤升降作业时，严禁操作人员停留在架体上，特殊情况确实需要上人的，必须采取有效安全防护措施，并由建筑安全监督机构审查后方可实施。

⑥附着式升降脚手架属高处危险作业，在安装、升降、拆除时，应划定安全警戒范围，并设专人监督检查。

⑦严格按设计规定控制各提升点的同步性，相邻提升点间的高差不得大于 30mm，整体架最大升降差不得大于 80mm。

⑧升降过程中应实行统一指挥、规范指令。升、降指令只能由总指挥一人下达，但当有异常情况出现时，任何人均可立即发出停止指令。

⑨采用环链捯链作升降动力的，应严密监视其运行情况，及时发现、解决可能出现的翻链、铰链和其他影响正常运行的故障。

⑩附着升降脚手架升降到位后，必须及时按使用状况要求进行附着固定。在没有完成架体固定工作前，施工人员不得擅自离岗或下班。未办交付使用手续的，不得投入使用。

3）附着升降脚手架在使用过程中严禁进行下列作业：

①利用架体吊运物料；

②在架体上拉结吊装缆绳（索）；

③在架体上推车；

④任意拆除结构件或松动连接件；

⑤拆除或移动架体上的安全防护设施；

⑥起吊物料碰撞或扯动架体；

⑦利用架体支顶模板；

⑧使用中的物料平台与架体仍连接在一起；

⑨其他影响架体安全的作业。

附着升降脚手架在使用过程中，应每月进行一次全面安全检查，不合格部位应立即改正。

当附着升降脚手架预计停用超过一个月时，停用前采取加固措施。

当附着升降脚手架停用超过一个月或遇六级以上大风后复工时，必须按要求进行检查。

螺栓连接件、升降动力设备、防倾装置、防坠装置、电控设备等应至少每月维护保养一次。

遇五级（含五级）以上大风和大雨、大雪、浓雾和雷雨等恶劣天气时，禁止进行升降和拆卸作业，并应预先对架体采取加固措施。夜间禁止进行升降作业。

5. 附着升降脚手架的拆除

附着升降脚手架的拆卸工作必须按专项施工组织设计及安全操作规程的有关要求进行。拆除工程前应对施工人员进行安全技术交底。

将脚手架降至底面后，逐层拆除架体结构各杆配件和提升机构构件，并有可靠的防止人员与物料坠落的措施，严禁抛扔物料。拆除下来的构配件及设备应集中堆放，及时进行全面检修保养，之后入库保管。出现以下情况之一的，必须予以报废：

（1）焊接件严重变形且无法修复或严重锈蚀；

（2）导轨、附着支承结构件、水平梁架杆部件、竖向主框架等构件出现严重弯曲；

（3）螺纹连接件变形、磨损、锈蚀严重或螺栓损坏；

（4）弹簧件变形、失效；

（5）钢丝绳扭曲、打结、断股，磨损断丝严重达到报废规定；

（6）其他不符合设计要求的情况。

八、其他脚手架

(一) 烟囱外脚手架

烟囱外脚手架一般用钢管搭设而成，适用于高度在 45m 以下，上口直径小于 2m 的中、小型砌筑烟囱。当烟囱直径超过 2m，高度超过 45m 时，一般采用井架提升平台施工。

1. 烟囱外脚手架的基本形式

烟囱呈圆锥形，高度较高，施工脚手架的形式应根据烟囱的体形、高度、搭设材料等确定。

(1) 扣件式钢管烟囱脚手架

扣件式钢管烟囱外脚手架一般搭设成正方形或正六边形（图 8-1）。

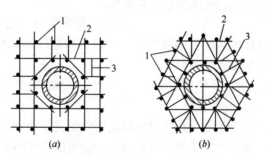

(a)　　　　　　　(b)

图 8-1　扣件式烟囱外脚手架
1—立杆；2—大横杆；3—小横杆

(2) 碗扣式钢管烟囱脚手架

碗扣式钢管烟囱脚手架一般搭设成正六边形或正八边形（图 8-2）。

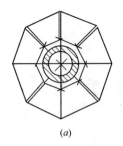

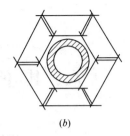

(a)　　　　　　　　　　(b)

图 8-2　碗扣式烟囱脚手架

（3）门式钢管烟囱脚手架

门式钢管烟囱脚手架一般搭设成正八边形形式（图 8-3）。

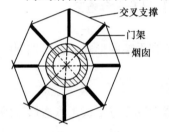

交叉支撑
门架
烟囱

图 8-3　门式钢管烟囱脚手架

2. 扣件式烟囱外脚手架搭设

（1）施工准备

1）根据本工程施工组织设计烟囱脚手架搭设施工方案的技术要求，该项目技术负责人要逐级向施工作业人员进行技术交底和安全技术交底。

2）对脚手架材料进行检查和验收，不合格的构配件不准使用，合格的构配件按品种、规格、使用顺序先后堆放整齐。

3）搭设现场应清理干净，夯实基土，场地排水畅通。

4）确定立杆位置。

烟囱外脚手架的立杆位置应根据烟囱的直径和脚手架搭设的平面形式以及通过简单的计算来确定。下面以常见的正方形和正六边形脚手架为例，说明确定立杆位置的方法。

①正方形脚手架放线方法

首先计算出里排脚手架的每边长度：烟囱底外径＋2×里排立杆到烟囱壁的最近距离。然后挑选 4 根大于该长度的杆件，量出长度 L，划好边线记号并画上中点，再把这 4 根杆件在烟囱外围摆放成正方形。使相交杆件上所划边线成十字相交，并将 4 根杆的中点与烟囱中心线对齐，使杆件的交角成直角，对角线的两对角线长度相等（图 8-4）。杆件垂直相交的四角即为里立杆的位置。其他各里杆的位置及外排立杆的位置随之都可按施工方案确定。

②六边形脚手架放线方法

首先计算出里排脚手架六边形的每边长度：边长等于烟囱半径加里排立杆到烟囱壁的最近距离之和再乘以系数。然后取 6 根大于该长度的杆件，量出长度 L，划好边线记号并画上中点，再将这 6 根杆件在烟囱外围摆放成正六边形。使 6 根杆件上的边线依次相交，中线都对准烟囱的十字中心，6 个角点即为 6 根里立杆的位置（图 8-5）。接着即可确定其他各根里立杆和外排立杆的位置。

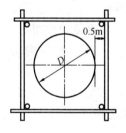
图 8-4　正方形脚手架

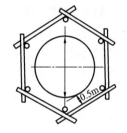
图 8-5　正六边形脚手架

（2）铺设垫板、安放底座、树立杆

按脚手架放线的立杆位置，铺设垫板和安放底座。垫板应铺平稳，不能悬空，底座位置必须准确。

竖立杆、搭第一步架子需 6～8 人配合，先竖各转角处的立杆，后竖中间各杆，同一排的立杆要对齐、对正。

里排立杆离烟囱外壁的最近距离为 40～50cm，外排立杆距烟囱外壁的距离不大于 2m，脚手架立杆纵向间距为 1.5m。

相邻两立杆的接头不得在同一步架、同一跨间内，扣件式钢管立杆应采用对接。

（3）安放大横杆、小横杆

立杆竖立后应立即安装大横杆和小横杆。大横杆应设置在立杆内侧，其端头应伸出立杆 10cm 以上，以防滑脱，脚手架的步距为 1.2m。

大横杆的接长宜用对接扣件，也可用搭接。搭接长度不小于 1m，并用 3 个扣件。各接头应错开，相邻两接头的水平距离不小于 50cm。

相邻横杆的接头不得在同一步架或同一跨间内。

小横杆与大横杆应扣接牢，操作层上小横杆的间距不大于 1m。小横杆端头与烟囱壁的距离控制在 10～15cm，不得顶住烟囱筒壁。

（4）绑扣剪刀撑、斜撑

脚手架每一外侧面应从底到顶设置剪刀撑，当脚手架每搭设 7 步架时，就应及时搭装剪刀撑、斜撑。剪刀撑的一根杆与立杆扣紧，另一根应与小横杆扣紧，这样可避免钢管扭弯。剪刀撑、斜撑一般采用搭接，搭接长度不小于 50cm。斜撑两端的扣件离立杆节点的距离不宜大于 20cm。

最下一道斜撑、剪刀撑要落地，与地面的夹角不大于 60°。最下一对剪刀撑及斜撑与立杆的连接点离地面距离应不大于 50cm。

（5）安缆风绳

15m 以内的烟囱脚手架应在各顶角处设一道缆风绳；

15～25m 的烟囱脚手架应在各顶角及中部各设置一道缆风绳；

25m 以上烟囱脚手架根据情况增置缆风绳。

缆风绳一律采用不小于 12.5mm 的钢丝绳，与地面的夹角为 45°～60°，必须单独牢固地拴在地锚上，严禁将缆风绳拴在树干上或电线杆上。若用花篮螺栓调节松紧度，应注意调节必须交错进行。

（6）设置栏杆安全网、脚手板

10 步以上的脚手架，操作层上应设两道护身栏杆和不小于

180mm 高的挡脚板。并在栏杆上挂设安全网。

每 10 步架要铺一层脚手板，满铺、铺严、铺设平整。在烟囱高度超过 10m 时，脚手板下方需要加铺一层脚手板，并随每步架上升。

对扣件式钢管烟囱脚手架，必须控制好扣件的紧、松程度，扣件螺栓扭力矩以达到 40～50N·m 为宜，最大不得超过 65N·m。

扣件螺栓拧得太紧或拧过头，脚手架承受荷载后，容易发生扣件崩裂或滑丝，发生安全事故。扣件螺栓拧得太松，脚手架承受荷载后，容易发生扣件滑落，发生安全事故。

（二）水塔外脚手架

1. 水塔外脚手架的基本形式

水塔的下部塔身为圆柱体，上部水箱凸出塔身，施工时一般搭设落地脚手架，其构造形式平面一般采用正方形、正六边形加上挑或正六边形放里立杆（图 8-6）。根据设计要求、施工要求、水塔的水箱直径大小及形状，可搭设成上挑式（图 8-7a）或直通式（图 8-7b）形式。

一般情况下，正方形的水塔外脚手架的每边立杆为 6 根；正六边形水塔外脚手架的每边里排立杆为 3～4 根，外挑立杆 5～6 根。

2. 水塔外脚手架搭设

水塔外脚手架搭设的施工准备、搭设顺序、搭设要求与搭设烟囱外脚手架相同。但应注意：

1）上挑式脚手架的上挑部分应按挑脚手架的要求搭设。

2）直通式脚手架，脚手架下部为三排或多排，搭至水塔部位时改为双排脚手架，其里排立杆应离水箱外壁 45～50cm。

3）脚手架每边外侧必须设置剪刀撑，并且要求从底部到顶连续布置。在脚手架转角处设置斜撑和抛撑。

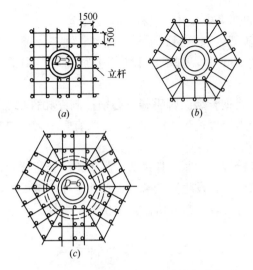

图 8-6　水塔外脚手架的平面布置形式

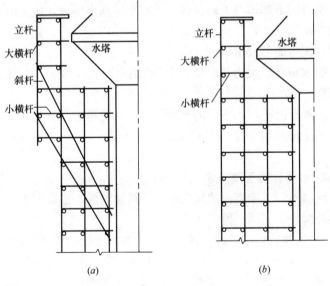

图 8-7　水塔外脚手架

（三）冷却塔外脚手架

冷却塔平面呈圆形，立面外形为双曲线形。高度在 45m 以下的小型冷却塔，可以采用搭设脚手架的方法进行施工。施工时，在冷却塔内搭设满堂里脚手架，在冷却塔外搭设外脚手架。

冷却塔外脚手架应分段搭设：下段脚手架可按烟囱外脚手架搭设，上段脚手架应搭设挑脚手架，其构造如图 8-8 所示。其立杆应随塔身的坡度搭设。

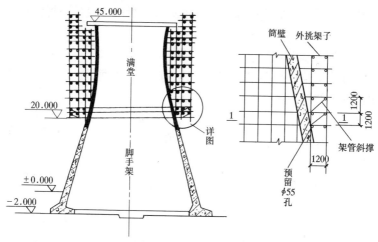

图 8-8　冷却塔上部外挑外脚手架

为增加外脚手架的稳定性在构造上采取两条措施：

（1）内、外脚手架的拉结杆（相当于连墙杆）应按梅花形布置，其间距为 6～8m。具体做法是在预定位置上预留 $\phi 55$ 孔洞，穿入钢管并与里脚手架连接。

（2）在脚手架作业层以上 2m 处，沿塔身的环向，每隔 10m 增设一根水平杆与内脚手架连接，并随着作业层一道上翻。

（3）冷却塔外脚手架搭设

冷却塔外脚手架搭设与烟囱、水塔的外脚手架搭设相同。

（四）烟囱、水塔及冷却塔外脚手架拆除

1. 拆除顺序

构筑物外脚手架的拆除顺序与搭设顺序相反，同其他脚手架的拆除一样，都应遵循先搭设的后拆除、后搭设的先拆除，自上而下的原则。

一般拆除顺序为：

拆除立挂安全网→拆除护身栏杆→拆挡脚板→拆脚手板→拆小横杆→拆除顶端缆风绳→拆除剪刀撑→拆除大横杆→拆除立杆→拆除斜撑和抛撑（压栏子）。

2. 脚手架拆除

拆除构筑物脚手架必须按上述顺序，由上而下一步一步地依次进行，严禁用拉倒或推倒的方法。

注意事项

（1）在拆除工作进行之前，必须指定一名责任心强，技术水平较高的人员负责指挥拆除工作。

（2）拆除下来的各类杆件和零件应分段往下顺放，严禁随意抛掷，以免伤人。

（3）拆除缆风绳应由上而下拆到缆风绳处才能对称拆除，并且拆除前，必须先在适当位置做临时拉结或支撑，严禁随意乱拆。

（4）运至地面的各类杆件和零件，应按要求及时检查、整修和保养，并按品种、规格置于干燥通风处堆放，防止锈蚀。

（5）脚手架拆除场地严禁非操作人员进入。

（五）卸料平台

在多层和高层建筑施工中，经常需要搭设卸料平台，将无法用井架或电梯提运的大件材料、器具和设备用塔式起重机先吊运至卸料平台上后，再转运至使用地点。卸料平台按其悬挑方法有

三种：悬挂式、斜撑式和脚手式，如图 8-9 所示。

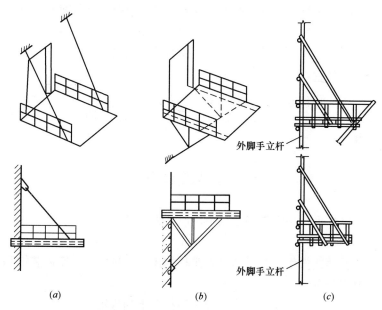

图 8-9 卸料平台
(a) 悬挂式；(b) 斜撑式；(c) 脚手式

卸料平台的规格应根据施工中运输料具、设备等的需要来确定，一般卸料平台的宽度为 2～4m，悬挑长度为 3～6m。根据规范规定，由于卸料平台的悬挑长度和所受荷载都要比挑脚手架大得多，因此在搭设之前要先进行设计和验算，并要按设计要求进行加工和安装。

在搭设卸料平台时，有以下几点要求和注意事项：

（1）卸料平台应设置在窗口部位，要求台面与楼板取平或搁置在楼板上。

（2）要求上、下层的卸料平台在建筑物的垂直方向上必须错开布置，不得搭设在同一平面位置内，以免下面的卸料平台阻碍上一层卸料平台吊运材料。

（3）要求在卸料平台的三面均应设置防护栏杆。当需要吊运长料时，可将外端部做成格栅门，运长料时可将其打开。

（4）运料人员或指挥人员进入卸料平台时，必须要有可靠的安全措施，如：必须挂牢安全带和戴好安全帽。

（5）卸料平台搭设好后，必须经技术人员和专职安全员检查验收合格后，方可进行使用。

（6）卸料平台在使用期间，必须加强管理，应指挥专人负责检查。发现有安全隐患时，要立即停止使用，以防止发生重大安全事故。

（六）移动式操作平台

操作平台是指现场施工中用以站人、载料并可进行施工操作的平台。

移动式操作平台是指可以搬移的用于结构施工、室内装饰和水电安装等的操作平台。

使用时，移动式操作平台必须符合下列规定：

（1）操作平台应由专业技术人员按现行的相应规范进行设计，计算书及图纸应编入施工组织设计。

（2）操作平台的面积不应超过 $10m^2$，高度不应超过 5m。同时还应进行稳定验算，并采取措施减少立柱的长细比。

（3）装设轮子的移动式操作平台，轮子与平台的接合处应牢固可靠，立柱底端离地面不得超过 80mm。

（4）操作平台可采用 $\phi48.3 \times 3.6$ 钢管以扣件连接，亦可采用门架式或承插式钢管脚手架部件，按产品使用要求进行组装。平台的次梁，间距不应大于 40cm。

（5）操作平台台面应满铺脚手板。四周必须按临边作业要求设置防护栏杆，并应布置登高扶梯。

1. 扣件式钢管移动操作平台

高大厅堂的顶棚油漆、局部处理和装修工程施工中，为了节约脚手架材料，可在轻型平台架底部装设硬胶轮或将平台架设在若干辆架子车底盘上，使整个平台架可在地坪上移动。扣件钢管移动式操作平台构造型式如图 8-10 所示。

2. 碗扣式钢管移动操作平台

当不需要大面积作业时，可采用多层单元框架，下配脚轮，组成可行走脚手架工作台，主要用于轻型作业，其构造如图8-11所示。塔架四侧装设斜杆，在较窄一侧立面立杆上每隔0.6m 连续安装一窄挑梁作爬梯。各单元塔架搭设高度可按表8-1 设置。

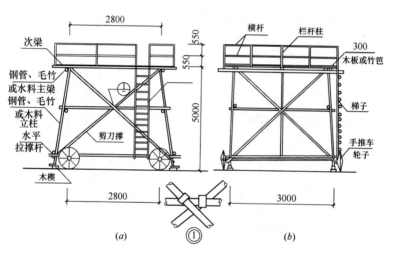

图 8-10 扣件钢管移动式操作平台

（*a*）立面图；（*b*）侧面图

单元塔架搭设高度 表 8-1

框架结构长×宽×高（m×m×m）		1.5×1.5×1.5	1.8×1.5×1.8	1.8×1.8×1.8	1.2×0.9×1.8
搭设高度（m）	4.8	7.2		9.0	2.7

作业荷载按均布荷载 1.1kN/m^2、集中荷载 2.0kN 考虑，但

施工总荷载应小于 3.0kN。要求脚轮能承受 5.0kN 的荷载，并能制动。如脚轮无制动力矩，或作业荷载较大，要求高度较高时，可采用底部增加承载立杆或在就位后加设斜支撑或拉绳予以临时固定的办法来增强其稳定性。

3. 门架式钢管移动操作平台

用门架搭设的活动操作平台，底部设有带丝杠千斤顶的行走轮以调节高度，并利用门架的梯步上下人，可不用搭人梯。当小平台面积不够时，也可用几排几行梯形门架组成大平台。图 8-12 所示为一榀门架组成的移动操作平台。

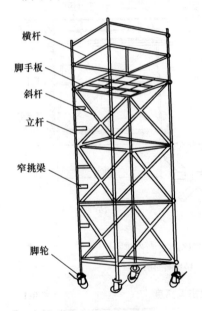

横杆
脚手板
斜杆
立杆
窄挑梁
脚轮

图 8-11 碗扣式钢管
移动操作平台

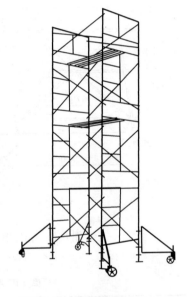

图 8-12 门架式钢管
移动操作平台

九、模 板 支 撑 架

模板支撑架是为建筑物的钢结构安装或现浇混凝土构件搭设的承力支架，承受模板、钢筋、新浇捣的混凝土和施工作业时的人员、工具等的重量，其作用是保证模板面板的形状和位置不改变。

模板支撑架通常采用脚手架的杆（构）配件搭设，按脚手架结构计算。

（一）脚手架结构模板支撑架的类别和构造要求

1. 模板支撑架的类别

用脚手架材料可以搭设各类模板支撑架，包括梁模、板模、梁板模和箱基模等，并大量用于梁板模板的支架中。在板模和梁板模支架中，支撑高度＞4.0m者，称为"高支撑架"，有早拆要求及其装置者，称为"早拆模板体系支撑架"。按其构造情况可作以下分类：

（1）按构造类型划分

1）支柱式支撑架（支柱承载的构架）；

2）片（排架）式支撑架（由一排有水平拉杆连接的支柱形成的构架）；

3）双排支撑架（两排立杆形成的支撑架）；

4）空间框架式支撑架（多排或满堂设置的空间构架）。

（2）按杆系结构体系划分

1）几何不可变杆系结构支撑架（杆件长细比符合桁架规定，竖平面斜杆设置不小于均占两个方向构架框格的 1/2 的构架）；

2）非几何不可变杆系结构支撑架（符合脚手架构架规定，但有竖平面斜杆设置的框格低于其总数 1/2 的构架）。

（3）按支柱类型划分

1）单立杆支撑架；

2）双立杆支撑架；

3）格构柱群支撑架（由格构柱群体形成的支撑架）；

4）混合支柱支撑架（混用单立杆、双立杆、格构柱的支撑架）。

（4）按水平构架情况划分

1）水平构造层不设或少量设置斜杆或剪力撑的支撑架；

2）有一或数道水平加强层设置的支撑架，又可分为：

① 板式水平加强层（每道仅为单层设置，斜杆设置≥1/3水平框格）；

② 桁架式水平加强层（每道为双层，并有竖向斜杆设置）。

此外，单双排支撑架还有设附墙拉结（或斜撑）与不设之分，后者的支撑高度不宜大于 4m。支撑架的所受荷载一般为竖向荷载，但箱基模板（墙板模板）支撑架则同时受竖向和水平荷载作用。

2. 模板支撑架的设置要求

支撑架的设置应满足可靠承受模板荷载，确保沉降、变形、位移均符合规定，绝对避免出现坍塌和垮架的要求，并应特别注意确保以下三点：

1）承力点应设在支柱或靠近支柱处，避免水平杆跨中受力。

2）充分考虑施工中可能出现的最大荷载作用，并确保其仍有 2 倍的安全系数。

3）支柱的基底绝对可靠，不得发生严重沉降变形。

（二）扣件式钢管模板支撑架

扣件式钢管模板支撑架采用扣件式钢管脚手架的杆、配件搭设。

1. 施工准备

（1）扣件式钢管模板支撑架搭设的准备工作，如场地清理平整等均与扣件式钢管脚手架搭设时相同。

（2）立杆布置

扣件式钢管支撑架立杆的构造基本同扣件式钢管脚手架立杆的规定。立杆间距一般应通过计算确定。通常取 1.2～1.5m，不得大于 8m。对较复杂的工程，应根据建筑结构的主、次梁和板的布置，模板的配板设计、装拆方式、纵横楞的安排等情况，画出支撑架立杆的布置图。

2. 模板支撑架搭设

搭设方法基本同扣件式钢管外脚手架。板等满堂模板支架，在四周应设包角斜撑，四侧设剪刀撑，中间每隔四排立杆沿竖向设一道剪刀撑，所有斜撑和剪刀撑均须由底到顶连续设置。剪刀撑的构造同扣件式钢管外脚手架。

（1）立杆的接长

扣件式支撑架的高度可根据建筑物的层高而定。立杆的接长，采用对接（图 9-1）

支撑架立杆采用对接扣件连接时，在立杆的顶端安插一个顶托，被支撑的模板荷载通过顶托直接作用在立杆上。

支架立杆应竖直设置，2m 高度的垂直允许偏差为 7mm。设在支架立杆根部的可调底座，当其伸出长度超过 300mm 时，应采取可靠措施固定。

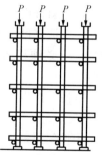

图 9-1　立杆对接连接

当梁模板支架立杆采用单根立杆时，立杆应设在梁模板中心线处，其偏心距不应大于 25mm。

（2）水平拉结杆设置

为加强扣件式钢管支撑架的整体稳定性，在支撑架立杆之间纵、横两个方向必须设置扫地杆和水平拉结杆。各水平拉结杆的间距（步高）一般不大于 1.6m。

图 9-2 为一扣件式满堂支撑架水平拉结杆布置的实例。

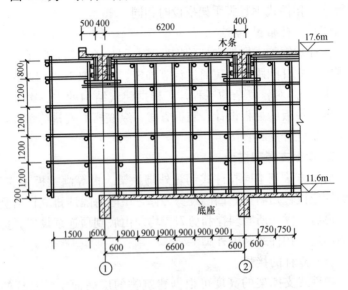

图 9-2　梁板结构模板支撑架

（3）斜杆设置

为保证支撑架的整体稳定性，在设置纵、横向水平拉结杆的同时，还必须设置斜杆，具体搭设时可采用刚性斜撑或柔性斜撑。

刚性斜撑以钢管为斜撑，用扣件将它们与支撑架中的立杆和水平杆连接。

柔性斜撑采用钢筋、钢丝、铁链等材料，必须交叉布置，并且每根拉杆中均要设置花篮螺栓（图 9-3），以保证拉杆不松弛。

3. 满堂支撑架的安全技术要求

（1）满堂支撑架搭设高度不宜超过 30m。

（2）满堂支撑架的高宽比不应大于 3。当高宽比超过规范规定时，应在支架的四周和内部与建筑结构刚性连接，连墙件水平间距应为 6～9m，竖向间距应为 2～3m；自顶层水平杆中心线至顶撑顶面的立杆段长度 a 不应超过 0.5m。

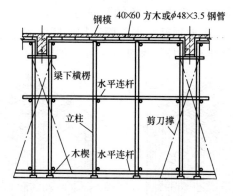

图 9-3　柔性斜撑

（3）满堂支撑架可分为普通型和加强型两种。

当架体沿外侧周边及内部纵、横向每隔 5～8m，设置由底至顶的连续竖向剪刀撑（宽度 5～8m），在竖向剪刀撑顶部交点平面，且水平剪刀撑距架体底平面或相邻水平剪刀撑的间距不超过 8m 时，定义为普通型满堂支撑架，如图 9-4 所示。

当连续竖向剪刀撑的间距不大于 5m，连续水平剪刀撑距架体底平面或相邻水平剪刀撑的间距不大于 6m 时，定义为加强型满堂支撑架。

当架体高度不超过 8m 且施工荷载不大时，扫地杆布置层可不设水平剪刀撑。

（4）加强型满堂支撑架剪刀撑设置

当立杆纵、横间距为 0.9m×0.9m～1.2m×1.2m 时，在架体外侧周边及内部纵、横向每 4 跨（且不大于 5m），应由底至顶设置宽度为 4 跨的连续竖向剪刀撑。

当立杆纵、横间距为 0.6m×0.6m～0.9m×0.9m（含本身）时，在架体外侧周边及内部纵、横向每 5 跨（且不大于 3m），应由底至顶设置宽度为 5 跨的连续竖向剪刀撑。

当立杆纵、横间距为 0.4m×0.4m～0.6m×0.6m（含 0.4m）时，在架体外侧周边及内部纵、横向每 3～3.2m 应由底至顶设置宽度为 3～3.2m 的连续竖向剪刀撑。

在竖向剪刀撑架顶部交点平面和扫地杆层及竖向间隔不超过 6m 设置连续水平剪刀撑。宽度 3～5m，如图 9-5 所示。

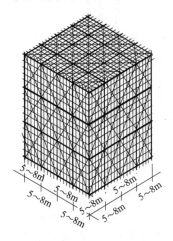

图 9-4　普通型水平、竖向
剪刀撑布置图

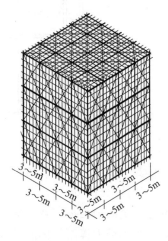

图 9-5　加强型水平、竖向
剪刀撑构造布置图

（5）满堂支撑架的可调底座、可调托撑螺杆伸出长度不宜超过 300mm，插入立杆内的长度不得小于 150mm。满堂支撑架顶部可调托撑的螺杆外径不得小于 36mm，直径与螺距应符合《梯形螺纹》的规定；支托板厚不应小于 5mm，螺杆与支托板应焊牢，焊缝高度不得小于 6mm；螺杆与螺母旋合长度不得少于 5 扣，螺母厚度不得小于 30mm。

（6）满堂支撑架的搭设构造规定和双排脚手架相同。

（7）满堂支撑架在使用过程中，应设有专人监护施工。当出现异常情况时，应立即停止施工，并应迅速撤离作业面上人员。应在采取确保安全的措施后，查明原因，做出判断和处理。

（8）满堂支撑架顶部的实际荷载不得超过设计规定。

（三）碗扣式钢管模板支撑架

碗扣式钢管支撑架采用碗扣式钢管脚手架系列构件搭设。目前广泛应用于现浇钢筋混凝土墙、柱、梁、楼板、桥梁、地道桥和地下行人道等工程。

在高层建筑现浇混凝土结构施工中，常将碗扣式钢管支撑架与早拆模板体系配合使用。

1. 碗扣式钢管支撑架构造

（1）一般碗扣式支撑架

用碗扣式钢管脚手架系列构件可以根据需要组装成不同组架密度、不同组架高度的支撑架，其一般组架结构如图 9-6 所示。由立杆垫座（或立杆可调座）、立杆、顶杆、可调托撑以及横杆和斜杆（或斜撑、剪刀撑）等组成。使用不同长度的横杆可组成不同立杆间距的支撑架，基本尺寸见表 9-1 所列，支撑架中框架单元的框高应根据荷载等因素进行选择。当所需要的立杆间距与标准横杆长度（或现有横杆长度）不符时，可采用两组或多组组架交叉叠合布置，横杆错层连接（图 9-7）。

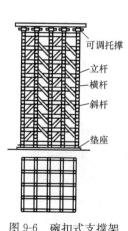

图 9-6　碗扣式支撑架

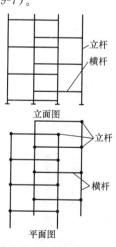

图 9-7　支撑架交叉布置

碗扣式钢管支撑架框架单元基本尺寸表 表 9-1

类型	A 型	B 型	C 型	D 型	E 型
基本尺寸 （框长×框宽 ×框高）（m）	1.8×1.8 ×1.8	1.2×1.2 ×1.8	1.2×1.2 ×1.2	0.9×0.9 ×1.2	0.9×0.9 ×0.6

（2）带横托撑（或可调横托撑）支撑架

如图 9-8 所示，可调横托座既可作为墙体的侧向模板支撑，又可作为支撑架的横（侧）向限位支撑。

（3）底部扩大支撑架

对于楼板等荷载较小，但支撑面积较大的模板支架，一般不必把所有立杆连成整体，可分成几个独立支架，只要高宽（以窄边计）比小于 3：1 即可，但至少应有两跨连成一整体。对一些重载支撑架或支撑高度较高（大于 10m）的支撑架，则需把所有立杆连成一整体，并根据具体情况适当加设斜撑、横托撑或扩大底部架（图 9-9），用斜杆将上部支撑架的荷载部分传递到扩大部分的立杆上。

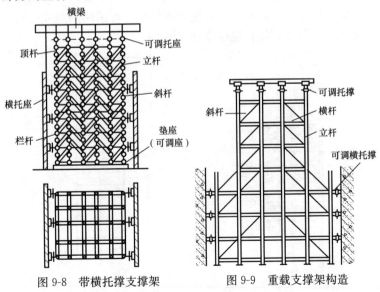

图 9-8 带横托撑支撑架　　　图 9-9 重载支撑架构造

（4）高架支撑架

碗扣支撑架由于杆件轴心受力、杆件和节点间距定型、整架稳定性好和承载力大，而特别适合于构造超高、超重的梁板模板支撑架，用于高大厅堂（如电视台的演播大厅、宾馆门厅、教学楼大厅、影剧院等）、结构转换层和道桥工程施工中。

当支撑架高宽（按窄边计）比超过 5 时，应采取高架支撑架，否则须按规定设置缆风绳紧固。如桥梁施工期间要求不断交通时，可视需要留出车辆通道（图 9-10），对通道两侧荷载显著增大的支架部分则采用密排（杆距 0.6～0.9m）设置，亦可用格构式支柱组成支墩（图 9-11）或支撑架。

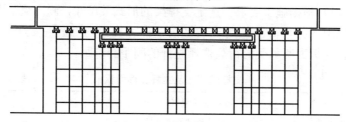

图 9-10　不中断交通的桥梁支撑架

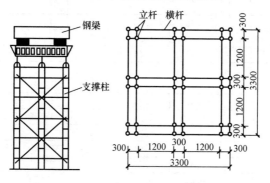

图 9-11　栓焊钢梁支撑墩

（5）支撑柱支撑架

当施工荷载较重时，应采用如图 9-12 所示的碗扣式钢管支撑柱组成的支撑架。

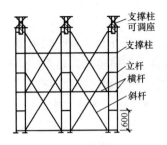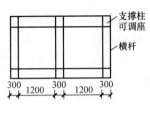

图 9-12 支撑柱支撑架构造

2. 碗扣式钢管模板支撑架搭设

（1）施工准备

1）根据施工要求，选定支撑架的形式及尺寸，画出组装图。支撑架在各种荷载作用下，每根立杆可支撑的面积见表 9-2 所列。应根据所承受的荷载选择立杆的间距和步距。

支撑架荷载及立杆支撑面积 表 9-2

| 混凝土厚度（cm） | 支撑总荷载（kN/m²） | | | | | 每根立杆可支撑面积 S（m²） |
	混凝重 P_1	模板楞条 P_2	冲击荷重 $P_3=$ $P_1 \times 30\%$	人行机具动荷载 P_4	总计$\sum P$	
10	2.4	0.45	0.72	2	5.57	5.39
15	3.6	0.45	1.08	2	7.13	4.21
20	4.8	0.45	1.44	2	8.69	3.45
25	6.0	0.45	1.8	2	10.25	2.93
30	7.2	0.45	2.16	2	11.81	2.54
40	9.6	0.45	2.88	2	14.93	2.01
50	12.0	0.45	3.60	2	18.05	1.66
60	14.4	0.45	4.32	2	21.17	1.42
70	16.8	0.45	5.04	2	24.29	1.24
80	19.2	0.45	5.76	2	27.41	1.09
90	21.6	0.45	6.48	2	30.53	0.98
100	24.0	0.45	7.2	2	33.65	0.89
110	26.4	0.45	7.92	2	36.77	0.82
120	28.8	0.45	8.64	2	39.89	0.75

注：1. 立杆承载力按每根 30kN 计，混凝土密度按 24kN/m³计。

2. 高层支撑架还要计算支撑架构件自重，并加到总荷载中去。

2）根据支撑高度选择组配立杆、托撑、可调底座和可调托座，列出材料明细表。

3）支撑架地基处理要求以及放线定位、底座安放的方法均与碗扣式钢管脚手架搭设的要求及方法相同。除架立在混凝土等坚硬基础上的支撑架底座可用立杆垫座外，其余均应设置立杆可调底座。在搭设与使用过程中，应随时注意基础沉降；对悬空的立杆，必须调整底座，使各杆件受力均匀。

（2）支撑架搭设

1）树立杆

立杆安装同脚手架。第一步立杆的长度应一致，使支撑架的各立杆接头在同一水平面上，顶杆仅在顶端使用，以便能插入底座。

在树立杆时应及时设置扫地杆，设置的要求同普通脚手架。

2）安放横杆和斜杆

横杆、斜杆安装同脚手架。在支撑架四周外侧设置斜杆。斜杆可在框架单元的对角节点布置，也可以错节设置。

3）安装横托撑

横托撑可用做侧向支撑，设置在横杆层，并两侧对称设置。如图 9-13 所示，横托撑一端由碗扣接头同横杆、支座架连接，另一端插上可调托座，安装支撑横梁。

4）支撑柱搭设

支撑柱由立杆、顶杆和 0.30m 横杆组成（横杆步距 0.6m），其底部设支座，顶部设可调座（图 9-14），支柱长度可根据施工要求确定。

支撑柱下端装普通垫座或可调垫座，上墙装入支座柱可调座（图 9-14b），斜支撑柱下端可采用支撑柱转角座，其可调角度为 $\pm 10°$（图 9-14a），应用地锚将其固定牢固。

支撑柱的允许荷载随高度的加大而降低：$H \leqslant 5m$ 时为 140kN；$5m < H \leqslant 10m$ 时为 120kN；$10m < H \leqslant 15m$ 时为 100kN。当支撑柱间用横杆连成整体时，其承载能力将会有所提高。支撑

柱也可以预先拼装，现场可整体吊装以提高搭设速度。

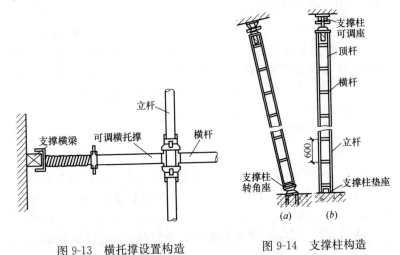

图 9-13 横托撑设置构造　　　图 9-14 支撑柱构造

（3）碗扣式模板支撑架安全技术要求

1）模板支撑架斜杆设置应符合下列要求：

① 当立杆间距大于 1.5m 时，应在拐角处设置通高专用斜杆，中间每排每列应设置通高八字形斜杆或剪刀撑。

② 当立杆间距小于或等于 1.5m 时，模板支撑架四周从底到顶连续设置竖向剪刀撑。中间纵、横向连续由底到顶设置竖向剪刀撑，其间距应小于或等于 4.5m。

③ 模板支撑架高度超过 4m 时，应在四周拐角处设置专用斜杆或四面设置八字斜杆，并在每排每列设置一组通高十字撑或专用斜杆。

④ 剪刀撑的斜杆与地面夹脚应在 45°～60° 之间，斜杆应每步与立杆扣接。

2）当模板支撑架高度大于 4.8m 时，顶部和底部必须设置水平剪刀撑。中间水平剪刀撑设置间距应不大于 4.8m。

3）立杆上端包括可调螺杆伸出顶层水平杆的长度不得大于 0.7m。

4）当模板支撑架周围有主体结构时，应设置连墙件。

5）模板支撑架高宽比应不得超过 2。若大于 2，可采取扩大下部架体尺寸或采取其他构造措施。

3. 检查验收

支撑架搭设到 3～5 层时，应检查每个立杆（柱）底座下是否浮动或松动，否则应旋紧可调底座或用薄钢板填实。

（四）门式钢管模板支撑架

1. 构配件

门式钢管支撑架除可采用门式钢管脚手架的门架、交叉支撑等配件搭设外，也可采用专门适用搭设支撑架的 CZM 门架等专用配件。

（1）CZM 门架

CZM 是一种适用于搭设模板支撑架的门架，构造如图 9-15 所示。其特点是横梁刚度大，稳定性好，能承受较大的荷载，而且横梁上任意位置均可作为荷载支承点。门架基本高度有三种：1.2m、1.4m 和 1.8m；宽度为 1.2m。其中 1.2m 高门架没有立杆加强杆。

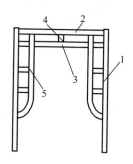

图 9-15 CZM 门架构造
1—门架立杆；2—上横杆；
3—下横杆；4—腹杆；
5—立杆加强杆

（2）调节架

调节架高度有 0.9m、0.6m 两种，宽度为 1.2m，用来与门架搭配，以配装不同高度的支撑架。

（3）连接棒、销钉、销臂

上、下门架及其与调节架的竖向连接，采用连接棒（图 9-16），连接棒两端均钻有孔洞，插入上、下两门架的立杆内，并在外侧安装销臂（图 9-16c），再用自锁销钉（图 9-16b）穿过销臂、立杆和连接棒的销孔，将上下立杆直接连接起来。

（4）加载支座、三角支承架

当托梁的间距不是门架的宽度时，荷载作用点的间距大于或小于 1.2m 时，可用加载支座或三角支承架来进行调整，可以调整的间距范围为 0.5～0.8m。

1）加载支座

加载支座构造如图 9-17(*a*) 所示，使用时用扣件将底杆与门架的上横杆扣牢，小立杆的顶端加托座即可使用。

2）三角支承架

三角支承架构造如图 9-17(*b*) 所示，宽度有 150mm、300mm、400mm 等几种，使用时将插件插入门架立杆顶端，并用扣件将底杆与立杆扣牢，然后在小立杆顶端设置顶托即可使用。

2. 门式模板支撑架底部构造

搭设门式钢管支撑架的场地必须平整坚实，并做好排水，回填土地面必须分层回填、逐层夯实，以保证底部的稳定性。通常底座下要衬垫木方，以防下沉，在门架立柱的纵横向必须设置扫地杆（图 9-18）。当模板支撑架设在钢筋混凝土楼板挑台等结构上部时应对该结构强度进行验算。

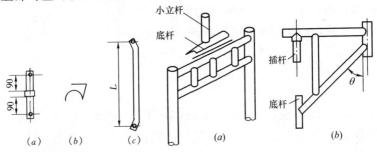

图 9-16　连接配件　　　　图 9-17　加载支座与三角支承架

3. 门式钢管模板支撑架组架形式

用门架构造模板支撑架时，根据楼（屋）盖的形式、施工要求和荷载情况等确定其构架形式。按其用途大致有以下几种：

（1）肋形楼（屋）盖模板支撑架

整体现浇混凝土肋形楼（屋）盖结构，门式支撑架的门架可采用平行于梁轴线或垂直于梁轴线两种布置方式。

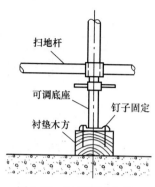

图 9-18　门式钢管支撑架底部构造

1）梁底模板支撑架

梁底模板支撑架的门架间距根据荷载的大小确定，同时也应考虑交叉拉杆的长短，一般常用的间距有 1.2m、1.5m、1.8m。

①门架垂直于梁轴线的标准构架布置

如图 9-19 所示，门架间距 1.8m，门架立杆上的顶托支撑着托梁，小楞搁置在托梁上，梁底模板搁在小楞上。门架两侧面设置交叉支撑，侧模支撑可按一般梁模构造，通过斜撑杆传给支撑架，为确保支撑架稳定，可视需要在底部加设扫地杆、封口杆和在门架上部装上水平架。

若门架高度不够时，可加调节架加高支撑架的高度。

② 门架平行于梁轴线的构架布置

排距根据需要确定，一般为 0.8～1.2m。如图 9-20 所示，门架立杆托着托梁，托梁支承着小楞，小楞支承着梁底模板。梁两侧的每对门架通过横向设置适合的交叉支撑或梁底模小楞连接固定。纵向相邻两组门架之间的距离应考虑荷载因素经计算确定，但一般不超过门架宽度，用大横杆连接固定。

当模板支撑高度较高或荷载较大时，模板支撑可采用图 9-21 的构架形式支撑。这种布置可使梁的集中荷载作用点避开门架的跨中，以适应大型梁的支撑要求。布置形式可以采用叠合或错开，即用 2 对（架距 0.9m）或 3 对（架距 0.6m）门架按标准构架尺寸交错布置并全部装设交叉支撑，并视需要在纵向和横向设拉杆连接固定和加强。

2）梁、板模板支撑架

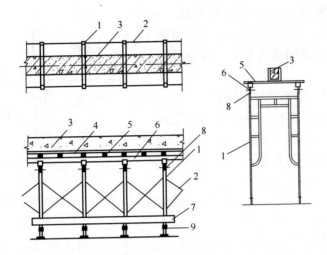

图 9-19　门架垂直于梁轴线的模板支撑架布置方式

1—门架；2—交叉支撑；3—混凝土梁；4—模板；5—小楞；

6—托梁；7—扫地杆；8—可调托座；9—可调底座

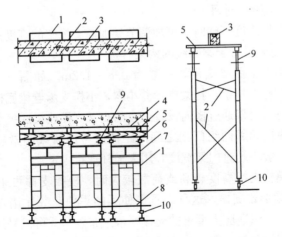

图 9-20　门架平行于梁轴线的模板支撑架布置方式

1—门架；2—交叉支撑；3—混凝土梁；4—模板；5—小楞；

6—托梁；7—调节架；8—扫地杆；9—可调托座；10—可调底座

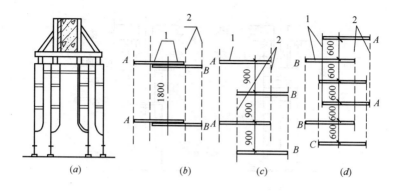

图 9-21 门架垂直于梁轴线的交错布置

(a) 立面图；(b) 两对门架重叠布置；

(c) 两对门架交错布置；(d) 三对门架交错布置

1—门架；2—交叉支撑

　　楼板的支撑按满堂脚手架构造，梁的支撑按上述"梁底模板支撑架"部分构造。

　　① 门架垂直于梁轴线的标准构架布置

　　当梁高≤350mm（可调顶托的最大高度）时，在门架立杆顶端设置可调顶托来支承楼板底模，而梁底模可直接搁在门架的横梁上（图 9-22）。

　　当梁高＞350mm 时，可将调节架倒置，将梁底模板支承在调节架的横杆上，而立杆上端放上可顶托来支承楼板模板（图 9-23a）。

　　将门架倒置，用门架的立杆支承楼板底模，再在门架的立杆上固定一些小横杆来支承梁底模板（图 9-23b）。

　　② 门架平行于梁轴线的构架布置

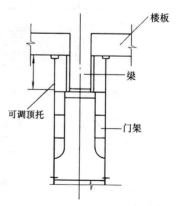

图 9-22 梁、板底模板支撑架

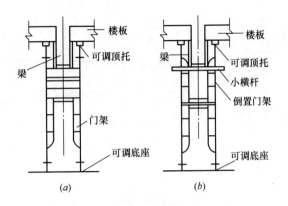

图 9-23　门架垂直于梁轴线的梁、板底模板支撑架形式

支撑架如图 9-24 所示，上面倒置的门架的主杆支承楼板底模，在门架立杆上固定小横杆来支承梁底模板。

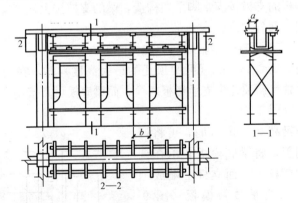

图 9-24　门架平行于梁轴线的梁、板底模板支撑架形式

（2）平面楼（屋）盖模板支撑架

平面楼屋盖的模板支撑架，一般采用满堂支撑架形式，如图 9-25 所示。

门架的跨距和间距应根据实际荷载经设计确定，间距不宜大于 1.2m。

为使满堂支撑架形成一个稳定的整体，避免发生摇晃，应在满堂支撑架的周边顶层、底层及中间每 5 列 5 排通长连续设置水平加固杆，并应采用扣件与门架立杆扣牢。

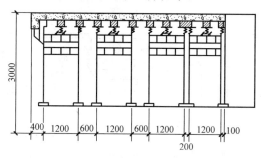

图 9-25　平面楼（屋）盖模板支撑架

剪刀撑应在满堂脚手架外侧周边和内部每隔 15m 间距设置，剪刀撑宽度不应大于 4 个跨距或间距，斜杆与地面倾角宜为 45°～60°。

根据不同布置形式，在垂直门架平面的方向上，两门架之间设置交叉支撑或者每列门架两侧设置交叉支撑，并应采用锁销与门架立杆锁牢，施工期间不得随意拆除。

满堂支撑架中间设置通道时，通道处底层门架可不设纵（横）方向水平加固杆，但通道上部应每步设置水平加固杆。通道两侧门架应设置斜撑杆。

满堂支撑架高度超过 10m 时，上下层门架间应设置锁臂，外侧应设置抛撑或缆风绳与地面拉结牢固。

（3）密肋楼（屋）盖模板支撑架

在密肋楼（屋）盖中，梁的布置间距多样，由于门式钢管支撑架的荷载支撑点设置比较方便，其优势就更为显著。图 9-26 是几种不同间距荷载支撑点的门式支撑架布置形式。

4. 门式钢管模板支撑架安全技术要求

（1）门架的跨距与间距应根据支架的高度、荷载由计算和构造要求确定，门架的跨距不宜超过 1.5m，门架的净间距不宜超过 1.2m。

（2）模板支架的高宽比不应大于 4，搭设高度不宜超过 24m。当模板支架的高宽比大于 2 时，其防护措施同满堂脚手架。

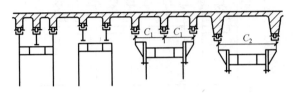

图 9-26　不同间距荷载支撑点门式支撑架

（3）模板支架的搭设构造规定和普通门式脚手架相同。

（4）模板支架在门架立杆上设置托座和托梁，宜采用调节架、可调托座调整高度，可调托座调节螺杆的高度不宜超过 300mm。底座和托座与门架立杆轴线的偏差不应大于 2.0mm。

（5）用于支承梁模板的门架，可采用平行或垂直于梁轴线的布置方式（图 9-27）。

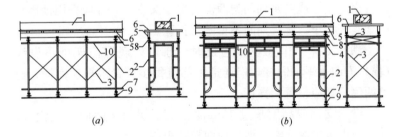

图 9-27　梁模板支架的布置方式（1）

（a）门架垂直于梁轴线布置；（b）门架平行于梁轴线布置

1—混凝土梁；2—门架；3—交叉支撑；4—调节架；5—托梁；

6—小楞；7—扫地杆；8—可调托座；9—可调底座；10—水平加固杆

（6）当梁的模板支架高度较高或荷载较大时，门架可采用复式（重叠）的布置方式（图 9-28）。

（7）梁板类结构的模板支架，应分别设计。板支架跨距（或间距）宜是梁支架跨距（或间距）的倍数，梁下横向水平加固杆

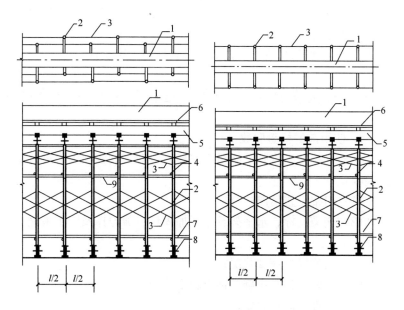

图 9-28　梁模板支架的布置方式 (2)

1—混凝土梁；2—门架；3—交叉支撑；4—调节架；

5—托梁；6—小楞；7—扫地杆；8—可调底座；9—水平加固杆

应伸入板支架内不少于 2 根门架立杆，并应与板下门架立杆扣紧。

（8）模板支架在支架的四周和内部纵横向应按现行行业标准《建筑施工模板安全技术规范》JGJ 162—2008 的规定与建筑结构柱、墙进行刚性连接，连接点应设在水平剪刀撑或水平加固杆设置层，并应与水平杆连接。

（9）模板支架在每步门架两侧立杆上应设置纵向、横向水平加固杆，并应采用扣件与门架立杆扣紧。

（10）模板支架的剪刀撑设置应符合下列要求：

1）在支架的外侧周边及内部纵横向每隔 6～8m，应由底至顶设置连续竖向剪刀撑。

2）搭设高度 8m 及以下时，在顶层应设置连续的水平剪刀撑；搭设高度超过 8m 时，在顶层和竖向每隔 4 步及以下应设置连续的水平剪刀撑。

3）水平剪刀撑宜在竖向剪刀撑斜杆交叉层设置。

（五）模板支撑架的检查、验收和使用安全管理

1. 使用前的检查验收
模板支撑及满堂脚手架组装完毕后应对下列各项内容进行检查验收：

（1）门架设置情况；

（2）交叉支撑、水平架及水平加固杆、剪刀撑及脚手板配置情况；

（3）门架横杆荷载状况；

（4）底座、顶托螺旋杆伸出长度；

（5）扣件紧固扭力矩；

（6）垫木情况；

（7）安全网设置情况。

2. 安全使用注意事项
（1）可调底座顶托应采取防止砂浆、水泥浆等污物填塞螺纹的措施。

（2）不得采用使门架产生偏心荷载的混凝土浇筑顺序。采用泵送混凝土时，应随浇随捣随平整混凝土，不得堆积在泵送管路出口处。

（3）应避免装卸物料对模板支撑和脚手架产生偏心振动与冲击。

（4）交叉支撑、水平加固杆剪刀撑不得随意拆卸，因施工需要临时局部拆卸时，施工完毕后应立即恢复。

（5）拆除时应采用先搭后拆的施工顺序。

（6）拆除模板支撑及满堂脚手架时应采用可靠安全措施，严禁高空抛掷。

（六）模板支撑架拆除

模板支撑架必须在混凝土结构达到规定的强度后才能拆除。表 9-3 是各类现浇构件拆模时必须达到的强度要求。

现浇结构拆模时所需混凝土强度 表 9-3

项次	结构类型	结构跨度（m）	按达到设计混凝土强度标准值的百分率计（%）
1	板	≤2	50%
		>2，≤8	75%
		>8	100%
2	梁、拱、壳	≤8	75%
		>8	100%
3	悬臂构件	—	100%

支撑架的拆除要求与相应脚手架拆除的要求相同。

支撑架的拆除，除应遵守相应脚手架拆除的有关规定外，根据支撑架的特点，还应注意：

（1）支撑架拆除前，应由单位工程负责人对支撑架作全面检查，确定可拆除时，方可拆除。

（2）拆除支撑架前应先松动可调螺栓，拆下模板并运出后，才可拆除支撑架。

（3）支撑架拆除应从顶层开始逐层往下拆，先拆可调托撑、斜杆、横杆，后拆立杆。

（4）拆下的构配件应分类捆绑、吊放到地面，严禁从高空抛掷到地面。

（5）拆下的构配件应及时检查、维修、保养。

变形的应调整，油漆剥落的要除锈后重刷漆；对底座、调节杆、螺栓螺纹、螺孔等应清理污泥后涂黄油防锈。

（6）门架宜倒立或平放。平放时应相互对齐，剪刀撑、水平撑、栏杆等应绑扎成捆堆放。其他小配件应装入木箱内保管。

构配件应储存在干燥通风的库房内。如露天堆放，场地必须地面平坦、排水良好，堆放时下面要铺地板，堆垛上要加盖防雨布。

十、脚手架施工安全技术管理

脚手架工程是整个施工生产中的一个重要组成部分，各种脚手架在施工前要编制单独的施工方案，方案要经技术和安全部门等审批后方可实施。脚手架搭设完毕后要经验收合格后方可使用。

（一）脚手架施工方案的编制

1. 编制脚手架施工方案的目的
主要目的在于指导脚手架工程的搭设与拆除，预防重大安全事故的发生。

1）确定合理的脚手架方案选型，制定脚手架的施工方法、构造与施工工艺，用于指导现场脚手架工程的搭设与拆除。

2）制定组织机构与人员组成方案、施工计划、施工安全保证措施等，建立完整的施工管理体系，确保优质、高效、安全、文明地完成脚手架工程施工任务。

3）进行物资筹备计划。

4）编制施工预算。

科学、合理、正确的施工方案，是脚手架工程施工质量的重要保证，为脚手架工程提供较为完整的纲领性技术文件，对于加强建设工程安全生产管理、指导施工现场的安全文明施工、预防重大安全事故的发生具有重要的指导作用。

2. 编制脚手架施工方案的基本原则与依据
（1）编制脚手架施工方案的基本原则

1）必须从实际出发，切实可行，符合现场的实际情况，有实现的可能性。

制定施工方案，在资源、技术上提出的要求应该与当时已有的条件或在一定时间能争取到的条件相吻合，否则是不能实现的，因此只有在切实可行的范围内尽量求其先进和快速。

2）满足合同要求的工期。在制定施工方案时，必须保证在搭设进度上配合工程主体施工进度计划的要求。

3）确保脚手架工程搭设质量和施工安全。工程建设是百年大计，要求质量第一，保证施工安全是社会的要求。因此，在制定方案时应充分考虑工程质量和施工安全，并提出保证工程质量和施工安全的技术组织措施，使方案完全符合技术规范、操作规范和安全规程的要求。

4）在合同价控制下，尽量降低施工成本，使方案更加经济合理，增加施工生产的盈利。

（2）脚手架施工方案的编制依据

施工方案的编制依据，为单位工程施工组织设计和工程施工图纸以及与建筑安装工程相关的现行法律法规、规范性文件、标准、规范、规程及企业制度及国标图集。可以摘录与工程相关的规范和标准。列举顺序一般是先列出施工组织设计和施工图纸，再列出与工程直接相关的规范和标准，接着写间接相关的，最后写一些地方的管理办法。列表或者分行写均可。

例如：

1）本工程的施工组织设计；

2）本工程的施工图纸；

3）《建筑施工扣件式钢管脚手架安全技术规范》JGJ 130—2011；

4）《建筑施工高处作业安全技术规范》JGJ 80—1991；

5）《建筑施工安全检查标准》JGJ 59—2011；

6）其他（工程地质勘察报告、同类工程施工经验、企业工法等）。

3. 脚手架施工方案的内容

（1）工程概况

包括建筑物层数、总高度以及结构形式，并注明非标层和标准层的层高，拟搭设脚手架的类型、总高度，如"沿建筑物周边搭设双排扣件式钢管脚手架，局部搭设挑架和外挂架"等，并说明该脚手架用于结构施工还是装修施工。

（2）施工条件

说明脚手架搭设位置的地基情况，是搭在回填土上还是搭在混凝土上（如车库顶板、裙房顶板等）。说明材料来源，是自有还是外租，便于查询生产厂家的资质情况。标准件的堆放场地是在施工现场还是其他场地，周围要设围护并放专人管理，便于施工中调度。

（3）施工准备

施工单位必须是具有相应资质（包括安全生产许可证）的法人单位，所有架子工必须具备《特种作业操作证》，并接受进场三级安全教育，签发考核合格证。架子工的数量要和工程相匹配，根据工程施工的进度提供脚手架搭设的具体进度计划，并提出杆、配件、安全网等进场计划表，供物资部门参考。

（4）组织机构

成立脚手架搭设管理小组，包括施工负责人、技术负责人、安全总监、搭设班组负责人等，小组成员既要分工明确，又做到统一协调。施工班组架子工的数量要提出要求并登记造册。

（5）主要施工方法

明确地基的处理方法，如采用回填土要取样进行承载力试验。

脚手架选型，双排或者单排，周圈封闭式还是开口式。局部位置处理，脚手架连墙件拉结点如需下预埋件或在墙上预留孔洞，需在方案中说明并标明相应位置。

因施工条件限制，需同时搭设几种架子时，如外墙采用挂架、阳台部位采用挑架等，要提前安排好进度、工艺等工作。材料配件的垂直运输方式，是采用塔吊还是其他设备。

（6）脚手架构造

说明脚手架高度、长度、立杆步距、立杆纵距、立杆横距、剪刀撑设置位置及角度。

连墙件要根据规范要求进行布设，若因建筑结构原因不能按规范尺寸拉结时，要采取相应措施并进行计算，确保架体稳定安全。

（7）脚手架施工工艺

根据建筑施工场地的具体情况和脚手架参数制定工艺流程，如基础做法、立杆底部处理等，并制定架子搭设的顺序、脚手架使用的注意事项、脚手架的安全防护、脚手架的拆除顺序。

（8）脚手架的计算

1）荷载计算；

2）立杆稳定计算；

3）横向水平杆挠度计算；

4）纵向水平杆抗弯强度计算；

5）扣件抗滑承载力验算；

6）地基承载力验算；

7）穿墙螺栓受力验算（外挂架）。

（9）安全措施（略）

（二）安全技术交底

1. 安全技术交底的目的

为确保实现安全生产管理目标、指标，规范安全技术交底工作，确保安全技术措施在工程施工过程中得到落实，按不同层次、不同要求和不同方式进行，使所有参与施工的人员了解工程概况、施工计划，掌握所从事工作的内容、操作方法、技术要求和安全措施等，确保安全生产，避免发生生产安全事故。

2. 安全技术交底依据

（1）施工图纸、施工图说明文件（包括有关设计人员对涉及施工安全的重点部位和环节方面的注明、对防范生产安全事故提出的指导意见,以及采用新结构、新材料、新工艺和特殊结构时设计人员提出的保障施工作业人员安全和预防生产安全事故的措施建议);

(2) 施工组织设计、安全技术措施、专项安全施工方案;

(3) 相关工种的安全技术操作规程;

(4)《建筑施工安全检查标准》JGJ 59—2011、《建筑施工扣件式钢管脚手架安全技术规范》JGJ 130—2011、《施工现场临时用电安全技术规范》JGJ 46—2005、《建筑施工高处作业安全技术规范》JGJ 80—1991等国家、行业的标准、规范;

(5) 地方法规及其他相关资料;

(6) 建设单位或监理单位提出的特殊要求。

3. 安全技术交底职责分工

(1) 工程项目开工前,由施工组织设计编制人、审批人向参加施工的施工管理人员(包括分包单位现场负责人、安全管理员)、班组长进行施工组织设计及安全技术措施交底。

(2) 分部分项工程施工前、专项安全施工方案实施前,由方案编制人会同施工员将安全技术措施、施工方法、施工工艺、施工中可能出现的危险因素、安全施工注意事项等向参加施工的全体管理人员(包括分包单位现场负责人、安全管理员)、作业人员进行交底。

(3) 每道施工工序开始作业前,项目部生产副经理(或施工员)向班组及班组全体作业人员进行安全技术交底。

(4) 新进场的工人参加施工作业前,由项目部安全员及项目部现场管理人员进行工种交底。

(5) 每天上班作业前,班组长负责对本班组全体作业人员进行班前安全交底。

4. 安全技术措施交底的基本要求

(1) 工程项目安全技术交底必须实行三级交底制度。

由项目经理部技术负责人向施工员、安全员进行交底;施工员、安全员向施工班组长进行交底；施工班组长向作业人员交底，分别逐级进行。

工程实行总、分包的，由总包单位项目技术负责人向分包单位现场技术负责人、分包单位现场技术负责人向施工班组长、施工班组长向作业人员分别逐级进行交底。

（2）安全技术交底应具体、明确、针对性强。交底的内容必须针对分部分项工程施工时给作业人员带来的潜在危险因素和存在的问题而编写。

（3）安全技术交底应优先采用新的安全技术措施。

（4）工程开工前，应将工程概况、施工方法、安全技术措施等情况，向工地负责人、工长进行详细交底。必要时直至向参加施工的全体员工进行交底。

（5）两个以上施工队或工种配合施工时，应按工程进度定期或不定期地向有关施工单位和班组进行交叉作业的安全书面交底。

（6）工长安排班组长工作前，必须进行书面的安全技术交底，班组长要每天对作业人员进行施工要求、作业环境等书面安全交底。

（7）交底应采用口头详细说明（必要时应作图示详细解释）和书面交底确认相结合的形式。各级书面安全技术交底应有交底时间、内容及交底人和接受交底人的签字，并保存交底记录。交底书要按单位工程归放在一起，以备查验。

（8）交底应涉及与安全技术措施相关的所有员工（包括外来务工人员），对危险岗位应书面告知作业人员岗位的操作规程和违章操作的危害。

（9）安全技术交底时应对针对危险部位的安全警示标志的悬挂、拆除提出具体要求，包括施工现场入口处、洞、坑、沟、开降口、危险性气、液体及夜间警示牌、灯。

（10）高空及沟槽作业应对具体的技术细节及日常稳定状态的巡视、观察、支护的拆除等提出要求。

（11）涉及特殊持证作业及女工作业的情况时，技术交底内容还应充分参考相关法律、法规的内容进行。

（12）出现下列情况时，项目经理、项目总工程师或安全员应及时对班组进行安全技术交底：

1）因故改变安全操作规程；

2）实施重大和季节性安全技术措施；

3）推广使用新技术、新工艺、新材料、新设备；

4）发生因工伤亡事故、机械损坏事故及重大未遂事故；

5）出现其他不安全因素、安全生产环境发生较大变化。

5. 安全技术交底的内容

（1）工程项目、分部分项工程、工序的概况，施工方法、施工工艺、施工流程等常规内容；

（2）工程项目、分部分项工程、工序的特点和危险点；

（3）作业条件、作业环境、天气状况和可能遇到的不安全因素；

（4）劳动纪律；

（5）针对危险点采取的具体防范措施；

（6）施工机械、机具、工具的正确使用方法；

（7）个人劳动防护用品的正确使用方法；

（8）作业中应注意的安全事项；

（9）作业人员应遵守的安全操作规程和规范；

（10）作业人员发现事故隐患应采取的措施和发生事故后的紧急避险方法和应急措施；

（11）其他需说明的事项。

6. 安全技术交底主要项目

确定安全技术交底项目时，应结合作业现场的实际情况确定危险部位和人群，组织详实的技术交底。一般情况下除了施工工种安全技术交底以外，交底的项目还包括：

2m 以上的高空作业、基坑支护与降水作业、土石方开挖作业、板施工作业、脚手架作业、机电设备作业、季节性施工作业、洞口及临边作业、顶管及地下连续墙作业，沉井及挖孔、钻孔作业，起重作业，大型或特种作业构件运输、动力机械操作作业，施工临时用电、深基坑、地下暗挖施工等。

作业现场还应对如下情况进行安全技术交底：

（1）易燃、易爆物品及危险化学品的使用与贮存；

（2）使用新技术、新工艺、新设备、新技术的工程作业；

（3）建设单位或结合专项活动提出的作业活动；

（4）其他需要进行安全技术交底的作业活动。

7. 安全技术交底的监督检查

（1）公司的相关职能部门在进行安全检查时，同时检查项目经理部的安全技术交底工作。

（2）项目部技术负责人、安全员负责监督检查生产副经理、施工员、班组长的安全技术交底工作。应对每项工程技术交底情况及时进行监督。

8. 安全技术交底记录

项目部安全员须参加并监督除班组安全交底以外的所有类型安全技术交底，并负责收集、保存交底记录；交底双方应履行签字手续，各保留一套交底文件，书面交底记录应在技术、施工、安全三方备案。

（三）安全管理基础知识

安全管理，是指管理者对安全生产工作进行的立法（法律、条例、规程）和建章立制，策划、组织、指挥、协调、控制和改进的一系列活动。目的是保证在生产经营活动中的人身安全、财产安全，促进生产的发展，保持社会的稳定。

施工项目安全管理，就是施工项目在施工过程中，组织安全生产的全部管理活动。通过对生产要素过程控制，使生产要素的不安全行为和状态减少或消除，达到减少一般事故，杜绝伤亡事故，从而保证安全管理目标的实现。

安全生产长期以来一直是我国的基本国策，是保护劳动者安全健康和发展生产力的重要工作，必须贯彻执行。同时也是维护社会安定团结，促进国民经济稳定、持续、健康发展的基本条件，是社会文明程度的重要标志。

为了加强安全生产监督管理，防止和减少生产安全事故，保障人民生命财产安全，促进经济发展，2002 年第九届全国人大常委会第 28 次会议通过了《中华人民共和国安全生产法》。

1. 安全生产方针政策、法规标准

（1）我国现行的安全生产方针

加强安全生产管理，必须要坚持"安全第一、预防为主、综合治理"的安全生产方针。"安全第一"是安全生产方针的基础；"预防为主"是安全生产方针的核心和具体体现，是实施安全生产的根本途径；生产必须安全，安全促进生产。

（2）我国当前的安全生产管理体制

1993 年，国务院在《关于加强安全生产工作的通知》中提出实行"企业负责、行业管理、国家监察、群众监督、劳动者遵章守纪"的安全生产管理体制。

党和国家历来非常重视安全生产管理工作，中央领导同志对安全生产工作曾经做过一系列指示，可归纳为"十大理念"，即树立"安全第一"、"预防为主"、"安全责任"、"安全管理"、"安全重点"、"安全质量"、"安全检查"、"安全政治"、"安全人本"、"安全法制"的观念。

（3）我国现行主要的安全生产法律、法规、标准

1）《中华人民共和国建筑法》（自 1998 年 3 月 1 日起施行）；

2）《中华人民共和国安全生产法》（自 2002 年 11 月 1 日起施行）；

3）《建设工程安全生产管理条例》（自 2004 年 2 月 1 日起施行）；

4）《安全生产许可证条例》（自 2004 年 1 月 13 日起施行）；

5）《中华人民共和国消防法》（自 1998 年 9 月 1 日起施行）；

6)《中华人民共和国劳动法》（自 1995 年 5 月 1 日起施行）；

7）国务院《关于特大安全事故行政责任追究的规定》（自 2001 年 4 月 28 日起施行）；

8）国务院第 493 号令《生产安全事故报告和调查处理条例》（自 2007 年 6 月 1 日起施行）。

(4) 我国安全技术主要的国家标准

1)《塔式起重机安全规程》GB 5144—2006；

2)《机械安全　防护装置　固定式和活动式防护装置设计与制造一般要求》GB/T 8196—2003；

3)《货用施工升降机》GB 10054—2014；

4)《建筑卷扬机》GB/T 1955—2008；

5)《柴油打桩机　安全操作规程》GB 13749—2003；

6)《振动沉拔桩机　安全操作规程》GB 13750—2004；

7)《起重机械安全规程》GB 6067；

8)《起重吊运指挥信号》GB 5082—1985；

9)《起重机　钢丝绳　保养、维护、安装、检验和报废》GB/T 5972—2009；

10)《安全帽》GB 2811—2007；

11)《安全帽测试方法》GB/T 2812—2006；

12)《安全带》GB 6095—2009；

13)《安全带测试方法》GB/T 6096—2009；

14)《安全网》GB 5725—2009；

15)《钢管脚手架扣件》GB 15831—2006；

16)《手持式电动工具的管理、使用、检查和维修安全技术规程》GB/T 3787—2006；

17)《特低电压（ELV）限值》GB/T 3805—2008；

18)《剩余电流动作保护装置安装和运行》GB 13955—2005；

19)《安全色》GB 2893—2008；

20)《安全标志及其使用导则》GB 2894—2008；

21)《建设工程施工现场消防安全技术规范》GB 50720—2011；

22)《高处作业分级》GB/T 3608—2008；

23)《工业企业厂内铁路、道路运输安全规程》GB 4387—2008；

24)《企业职工伤亡事故分类》GB 6441—1986。

（5）我国建筑业安全技术主要的标准和规章

1)《建筑施工安全检查标准》JCJ 59—2011；

2)《施工现场临时用电安全技术规范》JCJ 46—2005；

3)《建筑施工高处作业安全技术规范》JGJ 80—1991；

4)《龙门架及井架物料提升机安全技术规范》JGJ 88—2010；

5)《建筑机械使用安全技术规程》JGJ 33—2012；

6)《塔式起重机操作使用规程》JG/T 100—1999；

7)《建筑施工碗扣式钢管脚手架安全技术规范》JGJ 166—2008；

8)《建筑施工工具式脚手架安全技术规范》JGJ 202—2010；

9)《建筑施工门式钢管脚手架安全技术规范》JGJ 128—2010；

10)《建筑施工扣件式钢管脚手架安全技术规范》JGJ 130—2011；

11)《建筑基坑支护技术规程》JGJ 120—2012；

12)《建设工程施工现场环境与卫生标准》JGJ 146—2013；

13)《建筑施工附着升降脚手架管理暂行规定》；

14)安监总局第 30 号令《特种作业人员安全技术培训考核管理规定》。

（6）建筑施工安全常见强制性标准条文

2000 年 4 月 20 日，建设部以建标［2000］85 号发布了《工程建设标准强制性条文》（房屋建筑部分），列入了当时现行的多个施工安全标准规范的强制性条文。历经多次修订，2013 年版"施工安全"篇中列入了施工现场临时用电、高处施工作业、施工现场消防、施工机械、模板施工安全、专项工程施工安全、劳动防护、环境与卫生和施工安全管理九个方面的强制性条文，涉及了《施工现场临时用电安全技术规范》JGJ 46—2005、《建筑施工高处作业安全技术规范》JGJ 80—1991、《建设工程施工现场消防安全技术规范》GB 50720—2011、《建筑机械使用安全技术规程》JGJ 33—2012、《建筑施工扣件式钢管脚手架安全技术规范》JGJ 130—2011、《建筑施工模板安全技术规范》JGJ 162—2008、《建筑施工土石方工程安全技术规范》JGJ 180—2009、《建筑施工作业劳动保护用品配备及使用标准》JGJ 184—2009、《建设工程施工现场环境与卫生标准》JGJ 146—2013、《建筑施工安全检查标准》JCJ 59—2011 等 30 个国家标准和行业标准。强制性条文必须严格执行。

2. 安全生产管理原则

（1）坚持"管生产必须管安全"的原则

"管生产必须管安全"原则是指企业各级领导和全体员工在生产过程中必须坚持在抓生产的同时抓好安全工作。

"管生产必须管安全"原则是任何企业必须坚持的基本原则。国家和企业就是要保护劳动者的安全与健康，保证国家财产和人民生命财产的安全，尽一切努力在生产和其他活动中避免一切可以避免的事故；其次，企业的最优化目标是高产、低耗、优质、安全。忽视安全，片面追求产量、产值，是无法达到最优化目标的。伤亡事故的发生，不仅会给企业，还可能给环境、社会，乃至在国际上造成恶劣影响，造成无法弥补的损失。

"管生产必须管安全"的原则体现了安全和生产的统一，生产和安全是一个有机的整体，两者不能分割更不能对立起来，应将安全寓于生产之中，生产组织者在生产技术实施过程中，应当承担安全生产的责任。把"管生产必须管安全"的原则落实到每个员工的岗位责任制上去，从组织上、制度上固定下来，以保证这一原则的实施。

（2）坚持"三同时"原则

"三同时"，指凡是我国境内新建、改建、扩建的基本建设工程项目、技术改造项目和引进的建设项目，其劳动安全卫生设施必须符合国家规定的标准，必须与主体工程同时设计、同时施工、同时投入生产和使用。

（3）坚持"四不放过"原则

"四不放过"是指在调查处理事故时，必须坚持事故原因分析不清楚不放过，员工及事故责任人受不到教育不放过，事故隐患不整改不放过，事故责任人不处理不放过。

（4）坚持"五同时"原则

"五同时"是指企业的领导和主管部门在策划、布置、检查、总结、评价生产经营的时候，应同时策划、布置、检查、总结、评价安全工作。把安全工作落实到每一个生产组织管理环节中去，促使企业在生产工作中把对生产的管理与对安全的管理结合起来，并坚持"管生产必须管安全"的原则。使得企业在管理生产的同时必须贯彻执行我国的安全生产方针及法律法规，建立健全企业的各种安全生产规章制度，包括根据企业自身特点和工作需要设置安全管理专门机构，配备专职人员。

3. 施工项目安全管理

（1）安全生产责任制

建立和健全以安全生产责任制为中心的各项安全管理制度，是保障施工项目安全生产的重要组织手段。没有规章制度，就没有准绳，无章可循就容易出问题。安全生产是关系到施工企业全员、全方位、全过程的一件大事，因此，必须制定具有制约性的安全生产责任制。

安全生产责任制是企业岗位责任制的一个重要组成部分，是企业安全管理中最基本的一项制度，是根据"管生产必须管安全"、"安全生产，人人有责"的原则，对各级领导、各职能部门和各类人员在管理和生产活动中应负的安全责任作出明确规定。

施工项目安全管理制度包括建立安全管理体系，制定施工安全管理责任制，掌握施工安全技术措施，做好施工安全技术措施交底，加强安全生产定期检查、安全教育与培训工作以及掌握伤亡事故的调查与处理程序等各方面。

（2）建立安全管理体系的目标

1）使员工面临的风险减少到最低限度。

2）直接或间接获得经济效益。

3）实现以人为本的安全管理。

4）提升企业的品牌和形象。

5）促进项目管理现代化。

6）增强对国家经济发展的能力。

（3）施工项目安全管理的目标

1）项目经理为施工项目安全生产第一责任人，对安全生产应负全面的领导责任，实现重大伤亡事故为零的目标。

2）有适合于工程项目规模、特点的应用安全技术。

3）应符合国家安全生产法律、行政法规和建筑行业安全规章、规程及对业主和社会要求的承诺。

4）形成全体员工可理解的文件，并保持实施。

（4）安全生产管理机构

每一个建筑施工企业，都应当建立健全以企业法人为第一责任人的安全生产保证系统，都必须建立完善的安全生产管理机构。

1）公司一级安全生产管理机构

公司应设立以法人为第一责任者分工负责的安全管理机构，根据本单位的施工规模及职工人数设置专职安全生产管理部门并配备专职安全员。根据规定特一级企业安全员配备不应少于25人，一级企业不应少于15人，二级企业不应少于10人，三级企业不应少于5人。建立安全生产领导小组，实行领导小组成员轮流进行安全生产值班制度。随时解决和处理生产中的安全问题。

2）工程项目部安全生产管理机构

工程项目部是施工第一线的管理机构，必须依据工程特点，建立以项目经理为首的安全生产领导小组，小组成员由项目经理、项目技术负责人、专职安全员、施工员及各工种班组的领班组成。工程项目部应根据工程规模大小，配备专职安全员。建立安全生产领导小组成员轮流安全生产值日制度，解决和处理施工生产中的安全问题并进行巡回安全生产监督检查。并建立每周一次的安全生产例会制度和每日班前安全讲话制度，项目经理应亲自主持定期的安全生产例会，协调安全与生产之间的矛盾，督促检查班前安全讲话活动的活动记录。

项目施工现场必须建立安全生产值班制度。24小时分班作业时，每班部必须要有领导值班和安全管理人员在现场。做到只要有人作业，就有领导值班。值班领导应认真做好安全生产值班记录。

3）生产班组安全生产管理

加强班组安全建设是安全生产管理的基础。每个生产班组都要设置不脱产的兼职安全员，协助班组长搞好班组的安全生产管理。班组要坚持班前班后岗位安全检查、安全值日和安全日活动制度，同时要做好班组的安全记录。

（5）安全生产管理基本要求

1）取得《安全生产许可证》后方可施工。

2）必须建立健全安全管理保障制度。

3）各类人员必须具备相应的安全生产资格方可上岗。

4）所有外包施工人员必须经过三级安全教育。

5）特种作业人员，必须持有特种作业操作证。

6）对查出的安全隐患要做到"五定"，即定整改责任人、定整改措施、定整改完成时间、定整改完成人、定整改验收人。

7）必须把好安全生产教育关、措施关、交底关、防护关、文明关、验收关、检查关。

8）必须建立安全生产值班制度，必须有领导带班。

（6）建筑施工"六大伤害"

建筑施工属事故多发行业。建筑施工的特点是生产周期长，工人流动性大，露天高处作业多，手工操作多，劳动繁重，产品变化大，规则性差，施工机械品种繁多等，且是动态变化，具有一定的危险性。而建筑施工的安全隐患也多存在于高处作业、交叉作业、垂直运输以及使用各种电气设备工具上，综合分析伤亡事故主要发生在高处坠落、施工坍塌、物体打击、机械伤害、起重事故和触电这六个方面。

住建部发布的近几年的《房屋市政工程生产安全事故情况通报》显示，施工事故类型仍以"六大伤害"为主，占事故总数的90％以上。

根据《2014年房屋市政工程生产安全事故情况通报》中的统计分析，按照类型划分，高处坠落事故276起，占总数的52.87％；坍塌事故71起，占总数的13.60％；物体打击事故63起，占总数的12.07％；起重伤害事故50起，占总数的9.58％；机械伤害、车辆伤害、触电、中毒和窒息等其他事故62起，占总数的11.88％。从事故发生时段来看，较大及以上事故高发时段主要集中在第四季度，特别是12月份共发生7起较大及以上事故，岁末安全生产工作还须加强。从事故类型来看，模板支撑体系坍塌和起重机械伤害较大事故共17起，占较大及以上事故起数的58.62％，仍是房屋市政工程重大危险源。

如能采取措施有效预防这"六大伤害"，建筑施工伤亡事故将大幅度下降。所以，这"六大伤害"也就是建筑施工安全技术要解决的主要问题。

(7) 安全生产六大纪律

1) 进入现场必须戴好安全帽，系好帽带；并正确使用个人劳动防护用品。

2) 2m以上的高处、悬空作业、无安全设施的，必须系好安全带、扣好保险钩。

3) 高处作业时，不准往下或向上乱抛材料和工具等物件。

4) 各种电动机械设备应有可靠有效的安全接地和防雷装置，才能启动使用。

5) 不懂电气和机械的人员，严禁使用和摆弄机电设备。

6) 吊装区域非操作人员严禁入内，吊装机械性能应完好，把杆垂直下方不准站人。

4. 安全检查、验收与文明施工

安全检查是指对施工项目贯彻安全生产法律法规的情况、安全生产状况、劳动条件、事故隐患等所进行的检查。

近几年，与脚手架有关的伤亡事故时有发生，事故类型遍及"六大伤害"，其中绝大多数为高处坠落事故。因此架子工作业，尤其要注意安全防护。文明施工不仅是保证职工身心健康的措施，而且是达到安全施工的一项保证条件，"三宝"、"四口"、临边的使用管理更是保障安全施工的重要措施之一。为了加强自我保护意识和防护能力，必须了解机械和设施的安全要求标准知识，掌握脚手架的安全技术规范，努力做到"四不伤害"，即不伤害自己，不伤害他人，不被他人伤害，保护他人不受伤害。

（1）安全检查的内容

安全检查的内容主要是查思想、查制度、查机械设备、查安全设施、查安全教育培训、查操作行为、查劳保用品使用、查伤亡事故的处理等。

（2）安全检查的方法

安全检查的方法主要有"看"：主要查看管理记录、持证上岗、现场标识、交接验收资料、"三宝"使用情况、"洞口"、"临边"防护情况、设备防护装置等。

"量"：主要是用尺实测实量。

"测"：用仪器、仪表实地进行测量。

"现场操作"：由司机对各种限位装置进行实际动作，检验其灵敏程度。

（3）安全检查的主要方式

检查方式有公司组织的定期的安全检查，各级管理人员的日常巡回检查，专业安全检查，季节性节假日安全检查，班组自我检查、交接检查。

1）定期安全生产检查

企业必须建立定期分级安全生产检查制度。每季度组织一次全面的安全生产检查；分公司、工程处、工区、施工队每月组织一次安全生产检查；项目经理部每周或每旬组织一次安全生产检查。对施工规模较大的工地可以每月组织一次安全生产检查。每次安全生产检查应由单位主管生产的领导或技术负责人带队，有相关的安全、劳资、保卫等部门联合组织检查。

2）经常性安全生产检查

包括公司组织的、项目经理部组织的安全生产检查，项目安全员和安全值日人员对工地进行巡回安全生产检查及班组进行班前班后安全检查等。

3）专业性安全生产检查

专业性安全生产检查内容包括对电气、机械设备、脚手架、登高设施等专项设施设备、高处作业、用电安全、消防保卫等的安全生产问题和普遍性安全问题进行专项安全检查。这类检查专业性强，也可以结合单项评比进行，专业安全生产检查组由安全管理小组、职能部门人员、技术负责人、专职安全员、专业技术人员和专项作业负责人组成。

4）季节性安全生产检查

季节更换前，由安全生产管理人员和安全专职人员、安全值日人员等组织的针对施工所在地气候的特点，可能给施工带来危害而进行的安全生产检查。

5）节假日前后安全生产检查

是针对节假日前后职工思想松懈而进行的安全生产检查。

6）自检、互检和交接检查

① 自检：班组作业前、后对自身处所的环境和工作程序要进行安全生产检查，可随时消除安全隐患。

② 互检：班组之间开展的安全生产检查。可以做到互相监督、共同遵章守纪。

③ 交接检查：上道工序完毕，交给下道工序使用或操作前，应由工地负责人组织施工员、安全员、班组长及其他有关人员参加，进行安全生产检查和验收，确认无安全隐患，达到合格要求

后，方能交给下道工序使用或操作。

7）对塔式起重机等起重设备、井架、龙门架、脚手架、电气设备、吊篮、现浇混凝土模板及支撑等设施设备在安装搭设完成后进行安全验收、检查。

（4）安全生产检查标准

住建部于 2011 年 12 月修订颁发了《建筑施工安全检查标准》JGJ 59—2011（以下简称"标准"）并自 2012 年 7 月 1 日起实施。《标准》共分 5 章 88 条，其中 1 个安全检查评分汇总表，19 个分项检查评分表。19 个分项检查评分表检查内容共有 189 个检查项目 767 条评分标准。

对建筑施工中易发生伤亡事故的主要环节、部位和工艺等的完成情况作安全检查评价时，应采用检查评分表的形式，分为安全管理、文明施工、扣件式钢管脚手架、门式钢管脚手架、碗扣式钢管脚手架、承插型盘扣式钢管脚手架、满堂脚手架、悬挑式脚手架、附着式升降脚手架、高处作业吊篮、基坑工程、模板支架、高处作业、施工用电、物料提升机、施工升降机、塔式起重机、起重吊装和施工机具共十九项分项检查评分表和一张安全检查评分汇总表。

除了"高处作业"和"施工机具"以外的安全管理、文明施工等十七项检查评分表，设立了保证项目和一般项目，保证项目应是安全检查的重点和关键。

"三宝"指安全帽、安全带、安全网等防护用品的正确使用；"四口"指楼梯口、电梯井口、预留洞口、通道口等各种洞口。临边通常指尚未安装栏杆或栏板的阳台周边、无外脚手架防护的楼面与屋面周边、分层施工的楼梯与楼梯段边、井架、施工电梯或外脚手架等通向建筑物的通道的两侧边、框架结构建筑的楼层周边、斜道两侧边、卸料平台外侧边、雨篷与挑檐边、水箱与水塔周边等处。这几部分内容放在一张检查表内，不设保证项目。

《标准》规定了安全管理方面的检查内容及评分标准。

1）安全生产责任制

公司、项目、班组应当建立安全生产责任制，施工现场主要检查：项目负责人、工长（施工员）、班组长等生产指挥系统及生产、技术、机械、材料、后勤等有关部门的职责分工和安全责任及其文字说明。

项目部对各级各部门安全生产责任制应定期考核，其考核结果及兑现情况应有记录，检查组对现场的实地检查作为评定责任制落实情况的依据。

项目独立承包的工程，在签订的承包合同中必须有安全生产的具体指标和要求。总分包单位在签订分包合同前，要检查分包单位的营业执照、企业资质证、安全资格证等，如果齐全才能签订分包合同和安全生产合同（协议）。分包单位的资质应与工程要求相符。在安全合同中应明确各自的安全职责，原则上实行总承包的由总承包单位负责，分包单位要向总承包单位负责，服从总承包单位对施工现场的安全管理。分包单位在其分包范围内建立施工现场的安全生产管理制度并组织实施。

项目的主要工种要有相应的安全操作规程，一般包括：砌筑、拌灰、混凝土、木工、钢筋、机械、电气焊、起重司索、信号指挥、塔司、架子、水暖、油漆等，特种作业应另作补充。安全技术操作应列为日常安全活动和安全教育、班前讲话的主要内容。安全操作规程应悬挂在操作岗位前，安全活动安全教育班前讲话应有记录。

施工现场应配备专职（兼职）安全员，一般工地至少应有一名，中型工地应设 2～3 名，大型工地应设专业安全管理组进行安全监督检查。

对工地管理人员的责任制考核，可由检查组随机考查，进行口试或简单笔试。

2）施工组织设计及专项施工方案

所有施工项目在编制施工组织设计时应当根据工程特点制定相应的安全技术措施。安全技术措施要针对工程特点、施工工艺、作业条件、队伍素质等制定，还要按施工部位列出施工的危险点，对照各危险点的具体情况制定出具体的安全防护措施和作业注意事项。安全措施用料要纳入施工组织设计。安全技术措施必须经上级主管部门审批并经专业部门会签。

对专业性强、危险性大的工程项目，如脚手架、基坑支护、起重吊装等应当编制专项安全施工方案，并采取相应的安全技术措施，保证施工安全。

安全技术措施必须结合工程特点和现场实际情况，不能与工程实际脱节。当施工方案发生变化时，安全技术措施也应重新修订并报批。

3）安全技术交底

安全技术交底应在正式开始作业前进行，不但要口头讲解，更应有书面文字材料。交底后应履行签字手续，施工负责人、生产班组、现场安全员三方各保存一份。

安全技术交底工作是施工负责人向施工作业人员进行职责落实的法律要求，要严肃认真地执行。

交底内容不能过于简单，要将施工方案的要求，针对全部分项工程作业条件的变化作细化的交代，要将操作者应注意的安全注意事项讲明，保证操作人员的人身安全。

4）安全检查

施工现场应建立定期安全检查制度，施工生产指挥人员在指挥生产时，随时检查和纠正解决安全问题，但这种做法并不能替代正式的安全检查。

由施工负责人组织有关人员和部门负责人，按照有关规范标准，对照安全技术措施提出的具体要求，进行定期检查，并对检查出的问题进行登记，对解决存在问题的人、时间、措施、落实情况记录登记。

对上级检查中下达的重大隐患整改通知书要非常重视，并对其中所列整改项目应如期整改，并且逐一记录。

5）安全教育

对安全教育工作应建立定期的安全教育制度并认真执行，由专人负责。

新人入厂必须经公司、项目、班组三级安全教育，公司要进行国家和地方有关安全生产的方针、政策、法规、标准、规范、规程和企业的安全规章制度等方面的安全教育；项目安全教育应包括：工地安全制度、施工现场环境、工程施工特点及可能存在的不安全因素等内容；班组安全教育应包括本工种安全操作规程、事故范例解析、劳动纪律和班前岗位讲评等。

工人变换工种，应先进行操作技能及安全操作知识的培训，考核合格后方可上岗操作。进行培训应有记录资料。

对安全教育制度中规定的定期教育执行情况应进行定期检查，考核结果记录，还要抽查岗位操作规程的掌握情况。

企业安全管理人员、施工管理人员应按住建部的规定每年进行安全培训，考核合格后持证上岗。

6）应急救援

施工现场应建立应急救援组织，按规定配备救援人员，配置应急救援器材和设备，制定安全生产应急救援预案，并定期进行应急救援演练。

7）分包单位安全管理

分包单位资质、资格、分包手续应齐全。总包单位与分包单位应签订安全生产协议书和分包合同，签字盖章手续应齐全。

分包单位应按规定建立安全机构或配备专职安全员。分包单位安全员的配备应按住建部的规定，专业分包至少1人；劳务分包的工程50人以下的至少1人；50～200人的至少2人；200人以上的至少3人。分包单位应根据每天工作任务的不同特点，对施工作业人员进行班前安全交底。

8）持证上岗

按照规定属于特殊作业的工种，应按照规定参加有关部门组织的培训，经考核合格后持证上岗。当有效期满时应进行复试换证或签证，否则便视为无证上岗。

公司应有专人对特种作业人员进行登记造册管理，记录合格证号码、年限，以便到期组织复试。

9）生产安全事故处理

施工现场凡发生事故无论是轻伤、重伤、死亡或多人险肇事故均应如实进行登记，并按国家有关规定逐级上报。

发生的各类事故均应组织有关部门和人员进行调查并填写调查情况、处理结果的记录。重伤以上事故应按上级有关调查处理规定程序进行登记。无论何种事故发生均应配合上级调查组进行工作。

按规定建立符合要求的工伤事故档案，没有发生伤亡事故时，也应如实填写上级规定的月报表，按月向上级主管部门上报。

10）安全标志

施工现场应针对作业条件悬挂符合《安全标志及其使用导则》GB 2894—2008 的安全色标，并应绘制现场安全标志布置图。多层建筑标志不一致时可列表或绘制分层布置图。安全标志布置图应有绘制人签名并由项目经理审批。

安全标志应有专人管理，作业条件变化或损坏时，应及时更换。应针对作业危险部位悬挂，不可并排悬挂、流于形式。

上述各项在《标准》中均有各自的分数规定，检查不合格时按不合格项次进行扣分，详见表10-1所列。

（5）安全生产验收制度

必须坚持"验收合格才能使用"的原则。

1）验收的范围

① 各类脚手架、井字架、龙门架、堆料架；

② 临时设施及沟槽支撑与支护；

③ 支搭好的水平安全网和立网；

④ 临时电气工程设施；

⑤ 各种起重机械、路基轨道、施工电梯及其他中小型机械设备；

⑥ 安全帽、安全带和护目镜、防护面罩、绝缘手套、绝缘鞋等个人防护用品。

序号	检查项目		扣分标准	应得分数	扣减分数	实得分数
1	保证项目	安全生产责任制	未建立安全生产责任制扣 10 分； 安全生产责任制未经责任人签字确认扣 3 分； 未制定各工种安全技术操作规程扣 10 分； 未按规定配备专职安全员扣 10 分； 工程项目部承包合同中未明确安全生产考核指标扣 8 分； 未制定安全资金保障制度扣 5 分； 未编制安全资金使用计划及实施扣 2～5 分； 未制定安全生产管理目标（伤亡控制、安全达标、文明施工）扣 5 分； 未进行安全责任目标分解的扣 5 分； 未建立安全生产责任制、责任目标考核制度扣 5 分； 未按考核制度对管理人员定期考核扣 2～5 分	10		
2		施工组织设计	施工组织设计中未制定安全措施扣 10 分； 危险性较大的分部分项工程未编制安全专项施工方案扣 3～8 分； 未按规定对专项方案进行专家论证扣 10 分； 施工组织设计、专项方案未经审批扣 10 分； 安全措施、专项方案无针对性或缺少设计计算扣 6～8 分； 未按方案组织实施扣 5～10 分	10		
3		安全技术交底	未采取书面安全技术交底扣 10 分； 交底未做到分部分项扣 5 分； 交底内容针对性不强扣 3～5 分； 交底内容不全面扣 4 分； 交底未履行签字手续扣 2～4 分	10		
4		安全检查	未建立安全检查（定期、季节性）制度扣 5 分； 未留有定期、季节性安全检查记录扣 5 分； 事故隐患的整改未做到定人、定时间、定措施扣 2～6 分； 对重大事故隐患通知书所列项目未按期整改和复查扣 8 分	10		

序号	检查项目		扣分标准	应得分数	扣减分数	实得分数
5	保证项目	安全教育	未建立安全培训、教育制度扣10分； 新入场工人未进行三级安全教育和考核扣10分； 未明确具体安全教育内容6~8分； 变换工种时未进行安全教育扣10分； 施工管理人员、专职安全员未按规定进行年度培训考核扣5分	10		
6		应急预案	未制定安全生产应急预案扣10分； 未建立应急救援组织、配备救援人员扣3~6分； 未配置应急救援器材扣5分； 未进行应急救援演练扣5分	10		
		小计		60		
7	一般项目	分包单位安全管理	分包单位资质、资格、分包手续不全或失效扣10分； 未签订安全生产协议书扣5分； 分包合同、安全协议书，签字盖章手续不全扣2~6分； 分包单位未按规定建立安全组织、配备安全员扣3分	10		
8		特种作业持证上岗	一人未经培训从事特种作业扣4分； 一名特种作业人员资格证书未延期复核扣4分； 一人未持操作证上岗扣2分	10		
9		生产安全事故处理	生产安全事故未按规定报告的扣3~5分； 生产安全事故未按规定进行调查分析处理，制定防范措施扣10分； 未办理工伤保险扣5分	10		
10		安全标志	主要施工区域、危险部位、设施未按规定悬挂安全标志扣5分； 未绘制现场安全标志布置总平面图扣5分； 未按部位和现场设施的改变调整安全标志设置扣5分	10		
		小计		40		
检查项目合计				100		

2）验收程序

① 脚手架杆件、扣件、安全网、安全帽、安全带以及其他个人防护用品，必须有出厂证明或验收合格的单据，由项目经理、工长、技术人员共同审验。

② 各类脚手架、堆料架、井字架、龙门架和支搭的安全网、立网由项目经理或技术负责人申报支搭方案并牵头，会同工程部和安全主管进行检查验收。

③ 临时电气工程设施，由安全主管牵头，会同电气工程师、项目经理、方案制定人、工长进行检查验收。

④ 起重机械、施工电梯由安装单位和使用工地的负责人牵头，会同有关部门检查验收。

⑤ 路基轨道由工地申报铺设方案，工程部和安全主管共同验收。

⑥ 工地使用的中小型机械设备，由工地技术负责人和工长牵头，会同工程部检查验收。

⑦ 所有验收，必须办理书面验收手续，否则无效。

（6）文明施工措施

《标准》中规定了文明施工检查项目共 10 项，是对我们建设文明工地和文明班组的要求。

1）现场围挡

围挡高度按施工当地行政区域进行划分，市区主干道路段施工时，设置的围挡高度不低于 2.5m，一般路段施工时围挡高度不应低于 1.8m。

围挡应采用坚固、平稳、整洁、美观的砌体或金属板材等硬质材料制作。禁止使用竹笆、彩条布、安全网等易损易变形的材料。

围挡的设置必须沿工地周围连续设置，不得有缺口或局部不牢固的问题。

2）封闭管理

施工工地应有固定的出入口。出入口应设置大门，便于管理。出入口处应设专职门卫人员，并有门卫管理制度，门卫人员应切实起到门卫作用。为加强对出入人员的管理，规定出入施工现场人员都要佩戴胸卡以示证明。胸卡应佩戴整齐。

工地大门应有本企业的标志，如何设计可按本地区本单位的特点进行。

3）施工场地

工地的路面应做硬化处理并应有干燥通畅的循环干道，不得在干道上堆放物料。

施工场地应有良好的排水设施，且应保持畅通。

施工现场的管道不得有跑、冒、滴、漏或大面积积水现象存在。

工程施工中应做集水池统一沉淀处理施工所产生的废水、泥浆等。不得随意排放到下水道或污染施工区域以外排水河道及路面。

工地应根据现场情况设置远离危险区的吸烟室或吸烟处，并配备必要的灭火器材。禁止在施工现场吸烟以防止发生危险。

工地要尽量做到绿化，特别是在市区主要路段施工的更应做到。

4）材料管理

施工现场的料具及构件必须堆放在施工平面图规定的位置，按品种、分规格堆放并设置明显的标牌。

各种物料应堆放整齐，便于进料和取料。达到砖成丁，砂石成方，钢筋、木料、钢模板垫高堆齐，大型工具一端对齐。

作业区及建筑楼层内应做到工完场清。除了现浇混凝土作业层，凡拆下不用的模板等应及时清理运走，不能立即运走的要码放整齐。施工现场不同的垃圾应分类堆放，不得长期堆放，应及时运走处理。

易燃易爆物品不能混放，除现场设有集中存放处外，班组使用的零散的各种易燃易爆物品，必须按有关规定存放。

5）现场办公与住宿

施工现场的施工作业区与办公区及生活区应有明确的划分，有隔离和安全防护措施。在建工程不得作为宿舍，避免落物伤人及洞口和临边防护不严带来危险以及噪声影响休息等。

寒冷地区应有保暖及防煤气措施，防止煤气中毒。炉火应统一设置，有专人管理及岗位责任。夏季应有防暑和防蚊措施，保证工人有充足睡眠。

宿舍内床铺及生活用品应放置整齐，限定人数，有安全通道，门向外开。被褥叠放整齐、干净，室内无异味，室内高度低于 2.4m 时应采用不大于 36V 的安全电压照明，且不准在电线上晾衣服。

宿舍周围环境卫生要保持良好，应设污物桶、污水池。周围道路平整，排水通畅。

6）现场防火

施工现场应根据施工作业条件订立消防制度或消防措施，并记录落实效果。

按照不同作业条件和性质以及有关消防规定，按位置和数量设置合理而有效的灭火器材。对需定期更换的设备和药品要定期更换，对需注意防晒的要有防晒措施。

当建筑物较高时，除应配置合理的消防器材外，尚需配备足够的消防水源和自救用水量，有足够扬程的高压水泵保证水压，层间均需设消防水源接口，管径应符合消防水带的要求。

对于禁止明火作业的区域应建立明火审批制度，凡需明火作业的，必须经主管部门审批。作业时，应按规定设监护人员；作业后必须确认无火源危险时方可离开现场。

7）综合治理

施工现场生活区内应当设置工人业余学习和娱乐场所，以丰富职工的业余生活，达到文化式的休息。

治安保卫是直接关系到施工现场安全与否的重要工作，也是社会安定所必需的。因此施工现场应建立治安保卫制度和责任分工，并由专人负责检查落实。对出现的问题应有记录，重大问题应上报。

8）公示标牌

标牌是施工现场的重要标志。施工现场进口处要有整齐明显，符合本地区、本企业、本工程特点的，有针对性内容的"五牌一图"。即：工程概况牌、管理人员名单及监督电话牌、消防保卫牌、安全生产牌、文明施工牌、施工现场总平面图。

为了随时提醒和宣传安全工作，施工现场的明显处应设置必要的安全标语。

施工现场应设置读报栏、黑板报等宣传园地，丰富学习内容，表扬好人好事等。

9）生活设施

施工现场应设置符合卫生要求的厕所，建筑物内和施工现场内不准随地大小便。高层建筑施工时，隔几层应设置移动式简易厕所且应设专人负责。

施工现场职工食堂应符合有关的卫生要求。炊事员必须有防疫部门颁发的体检合格证；生熟分存；卫生要长期保持；定期检查并应有明确的卫生责任制和责任人。

施工现场作业人员应能喝到符合卫生要求的白开水，有固定的盛水容器和专人管理。

施工现场应按作业人员数量设置足够的淋浴设施，冬季应有暖气、热水，且应有管理制度和专人管理。

生活垃圾应及时清理、集中运送入容器，不得与施工垃圾混放，并设专人管理。

10）社区服务

施工现场应经常与社区联系，建立不扰民措施，针对施工工艺设置防尘、防噪声设施，做到噪声不超标（施工现场噪声规定不超过 85dB）。并应有责任人管理和检查，工作应有记录。

按当地规定在允许施工时间施工。如果必须连续施工时，应有主管部门批准手续，并做好周围群众的工作。

文明施工检查的评分标准见表 10-2 所列。

文明施工检查评分表　　　　　表 10-2

序号	检查项目		扣分标准	应得分数	扣减分数	实得分数
1	保证项目	现场围挡	在市区主要路段的工地周围未设置高于 2.5m 的封闭围挡扣 10 分； 一般路段的工地周围未设置高于 1.8m 的封闭围挡扣 10 分； 围挡材料不坚固、不稳定、不整洁、不美观扣 5～7 分； 围挡没有沿工地四周连续设置扣 3～5 分	10		
2		封闭管理	施工现场出入口未设置大门扣 3 分； 未设置门卫室扣 2 分； 未设门卫或未建立门卫制度扣 3 分； 进入施工现场不佩戴工作卡扣 3 分； 施工现场出入口未标有企业名称或标识，且未设置车辆冲洗设施扣 3 分	10		
3		施工场地	现场主要道路未进行硬化处理扣 5 分； 现场道路不畅通、路面不平整坚实扣 5 分； 现场作业、运输、存放材料等采取的防尘措施不齐全、不合理扣 5 分； 排水设施不齐全或排水不通畅、有积水扣 4 分； 未采取防止泥浆、污水、废水外流或堵塞下水道和排水河道的措施扣 3 分； 未设置吸烟处、随意吸烟扣 2 分； 温暖季节未进行绿化布置扣 3 分	10		
4		现场材料	建筑材料、构件、料具不按总平面布局码放扣 4 分； 材料布局不合理、堆放不整齐、未标明名称、规格扣 2 分； 建筑物内施工垃圾的清运，未采用合理器具或随意凌空抛掷扣 5 分； 未做到工完场地清扣 3 分； 易燃易爆物品未采取防护措施或未进行分类存放扣 4 分	10		

序号	检查项目		扣分标准	应得分数	扣减分数	实得分数
5	保证项目	现场住宿	在建工程、伙房、库房兼作住宿扣8分； 施工作业区、材料存放区与办公区、生活区不能明显划分扣6分； 宿舍未设置可开启式窗户扣4分； 未设置床铺、床铺超过2层、使用通铺、未设置通道或人员超编扣6分； 宿舍未采取保暖和防煤气中毒措施扣5分； 宿舍未采取消暑和防蚊蝇措施扣5分； 生活用品摆放混乱、环境不卫生扣3分	10		
6		现场防火	未制定消防措施、制度或未配备灭火器材扣10分； 现场临时设施的材质和选址不符合环保、消防要求扣8分； 易燃材料随意码放、灭火器材布局、配置不合理或灭火器材失效扣5分； 未设置消防水源（高层建筑）或不能满足消防要求扣8分； 未办理动火审批手续或无动火监护人员扣5分	10		
		小计		60		
7	一般项目	治安综合治理	生活区未给作业人员设置学习和娱乐场所扣4分； 未建立治安保卫制度、责任未分解到人扣3~5分； 治安防范措施不利，常发生失盗事件扣3~5分	8		
8		施工现场标牌	大门口处设置的"五牌一图"内容不全、缺一项扣2分； 标牌不规范、不整齐扣3分； 未张挂安全标语扣5分； 未设置宣传栏、读报栏、黑板报扣4分	8		

序号	检查项目		扣分标准	应得分数	扣减分数	实得分数
9	一般项目	生活设施	食堂与厕所、垃圾站、有毒有害场所距离较近扣6分； 食堂未办理卫生许可证或未办理炊事人员健康证扣5分； 食堂使用的燃气罐未单独设置存放间或存放间通风条件不好扣4分； 食堂的卫生环境差、未配备排风、冷藏、隔油池、防鼠等设施扣4分； 厕所的数量或布局不满足现场人员需求扣6分； 厕所不符合卫生要求扣4分； 不能保证现场人员卫生饮水扣8分； 未设置淋浴室或淋浴室不能满足现场人员需求扣4分； 未建立卫生责任制度、生活垃圾未装容器或未及时清理扣3～5分	8		
10		保健急救	现场未制定相应的应急预案，或预案实际操作性差扣6分； 未设置经培训的急救人员或未设置急救器材扣4分； 未开展卫生防病宣传教育、或未提供必备防护用品扣4分； 未设置保健医药箱扣5分	8		
11		社区服务	夜间未经许可施工扣8分； 施工现场焚烧各类废弃物扣8分； 未采取防粉尘、防噪声、防光污染措施扣5分； 未建立施工不扰民措施扣5分	8		
		小计		40		
检查项目合计				100		

参 考 文 献

[1] 黄梅. 架子工. 北京：化学工业出版社，2015.

[2] 本书编委会：图解架子工技能一本通. 北京：化学工业出版社，2015.

[3] 李春亭，高杰. 架子工入门与技巧. 北京：化学工业出版社，2013.

[4] 本书编写组. 新型城镇化建设与农村劳动力专一培训系列教材——架子工操作技能快学快用. 北京：中国建材工业出版社，2015.

[5] 建设部人事教育司. 架子工. 北京：中国建筑工业出版社，2002.

[6] 建设部人事教育司. 架子工（技师）. 北京：中国建筑工业出版社，2006.

[7] 本书编委会：职业技能培训鉴定教材——架子工（初级）. 北京：中国劳动社会保证出版社，2013.

[8] 本书编委会：建筑施工手册（第五版）. 北京：中国建筑工业出版社，2012.

[9] GB 2811—2007 安全帽.

[10] GB 6095—2009 安全带.

[11] GB 5725—2009 安全网.

[12] JGJ 166—2008 建筑施工碗扣式钢管脚手架安全技术规范.

[13] JGJ 202—2010 建筑施工工具式脚手架安全技术规范.

[14] JGJ 128—2010 建筑施工门式钢管脚手架安全技术规范.

[15] JGJ 130—2011 建筑施工扣件式钢管脚手架安全技术规范.

[16] JGJ 164—2008 建筑施工木脚手架安全技术规范.

[17] JGJ 254—2011 建筑施工竹脚手架安全技术规范.

[18] JCJ 59—2011 建筑施工安全检查标准.